液压元件性能测试技术与试验方法

湛从昌　陈新元　等编著

北　京
冶 金 工 业 出 版 社
2014

内 容 提 要

全书内容共分 6 章：第 1、2 章主要介绍液压传动系统工作原理、液压元件性能检测的重要性、液压元件故障诊断和检测的理论基础与仪器；第 3、5 章详细介绍液压元件性能检测方法和测试报告；第 4、6 章阐述试验台安装、调试与维护，并介绍一个液压元件性能检测综合试验台实例。

本书可供研发液压元件单位、生产和应用液压元件的厂矿企业从事液压技术工作的人员参考，也可作为高等学校机械类或近机类专业的教学用书。

图书在版编目（CIP）数据

液压元件性能测试技术与试验方法/湛从昌等编著 . —北京：冶金工业出版社，2014.10
ISBN 978-7-5024-6764-7

Ⅰ.①液… Ⅱ.①湛… Ⅲ.①液压元件—测试技术 ②液压元件—试验方法 Ⅳ.①TH137.5

中国版本图书馆 CIP 数据核字（2014）第 236660 号

出 版 人 谭学余
地 址 北京市东城区嵩祝院北巷 39 号 邮编 100009 电话 (010)64027926
网 址 www.cnmip.com.cn 电子信箱 yjcbs@cnmip.com.cn
责任编辑 宋 良 唐晶晶 美术编辑 杨 帆 版式设计 孙跃红
责任校对 郑 娟 责任印制 牛晓波
ISBN 978-7-5024-6764-7
冶金工业出版社出版发行；各地新华书店经销；三河市双峰印刷装订有限公司印刷
2014 年 10 月第 1 版，2014 年 10 月第 1 次印刷
787mm×1092mm 1/16；9.25 印张；221 千字；138 页
30.00 元

冶金工业出版社 投稿电话 (010)64027932 投稿信箱 tougao@cnmip.com.cn
冶金工业出版社营销中心 电话 (010)64044283 传真 (010)64027893
冶金书店 地址 北京市东四西大街 46 号(100010) 电话 (010)65289081(兼传真)
冶金工业出版社天猫旗舰店 yjgy.tmall.com
（本书如有印装质量问题，本社营销中心负责退换）

前　言

随着国民经济和科学技术的迅速发展，液压技术的应用范围越来越广泛。工程机械、冶金机械、农业机械、汽车、机床、船舶、机器人、飞机、军工等领域广泛使用液压设备。为了适应各工业领域的需求，必须不断研发新的液压元件和液压系统，而对维修后的液压元件，也必须了解其性能。在此背景下，对液压元件性能的检测十分必要。

液压元件性能的优劣直接影响到液压系统工作性能，而液压元件的设计、加工、装配等工作与其性能息息相关。判断液压元件性能的方法有直观判断法和精密判断法。直观判断法是通过人的眼、耳、手等直观感觉来判断；精密判断法是通过液压元件试验台，并配套所需的传感器、仪器仪表、计算机及其软件来检测判断。精密判断法是现代测试的主要形式，其获得的数据准确、迅速、可信度高。

目前，我国具有一定规模的液压元件及系统生产企业较多，应用液压元件的厂矿企业更多，液压元件产生的故障多种多样。由于液压元件及系统的故障与对其故障进行检测是不可分割的，而检测的目的是为了准确、迅速判定故障程度和故障点。因此，企业相应地建有规模不等、功能不等、技术水平不等的液压元件性能试验装置。这些企业在不同程度上均需要测试理论和测试方法的支持。我们总结多年教学、科研工作经验，开发了万吨级 AGC 伺服液压缸性能测试装置等多种液压元件试验台，并参与主持制订国家及省部级液压元件性能试验方法标准，为了进一步发展我国液压元件性能测试技术，撰写出本书，以期对工矿企业、科研院所、高等院校从事这方面工作的人员有所帮助。

本书由武汉科技大学湛从昌教授编写第 1 章、第 2 章（部分）、第 3 章（部分）、第 4 章；陈新元教授编写第 2 章（部分）、第 3 章（部分）、第 6 章；卢云丹工程师编写第 2 章（部分）；邓江洪博士（在读）编写第 2 章（部分）、

第 3 章（部分）、第 5 章。全书由湛从昌教授统稿审定。研究生龚云承担全部绘图、资料整理工作。编写过程中，陈奎生、曾良才和傅连东教授提供了许多资料并提出许多建议。书中引用了一些参考文献，同时，还得到韶关液压件有限公司张济民、黄科夫、黄智武等高工的大力支持，在此一并致谢。

限于编者水平，书中不妥之处，敬请读者批评指正。

湛从昌

2014 年 7 月

目 录

1 概 论

1.1 液压传动系统的工作原理及组成

1.1.1 液压传动系统的工作原理

液压传动系统由五部分组成，其结构形式多种多样，虽然结构各有不同，但是其工作原理是相同的。为了了解液压传动系统的工作原理，现以液压举升机构为例加以说明。举升机构是液压起重机、液压挖掘机、液压推土机和液压装载机等工程机械必有的工作机构，高炉炉顶的大、小料钟的开闭装置及电炉炉体的倾动装置也与举升机构类似。

要使举升机构按照要求进行工作，必须设置相应的液压阀对其完成举升动作的液压缸的运动方向、运动速度和出力大小进行控制，如图1-1所示。其工作原理是原动机带动液压泵运转，液压泵从油箱吸油，然后通过液压泵能量转换后，将液压油以一定压力和流量往外输送，通过液压缸驱动物体运动。

推动物体运动是由液压缸执行的，液压缸的运动方向、运动速度、出力大小均由液压系统的方向控制阀、流量控制阀、压力控制阀来调节，如图1-1所示。

液压缸7的运动方向由换向阀6控制，该方向阀是三位四通换向阀，当换向阀用左方位时，液压泵输出的压力油通过管道经节流阀5、换向阀6左方位进到液压缸7的下腔（即无杆腔），推动活塞带动物体向上运动。此时，液压缸7上腔（即有杆腔）油液，通过管道，经换向阀左方位流往油箱。

当换向阀换向至右方位时，油液流向改为相反方向，此时，液压泵输出的压力油，经过节流阀5，经换向阀6右方位沿管道流向液压缸7上腔，这时，活塞下降带动物体往下运动。此时，液压缸下腔油液，经换向阀右方位流往油箱。

当换向阀处于中位时，换向阀A、B、P、T四个油口都封闭，液压缸既不进油，也没有回油。此时，液压缸不运动，物体停留在某一位置上，当控制换向阀的阀芯位置时，便可实现物体的上升、下降、停止三个动作。

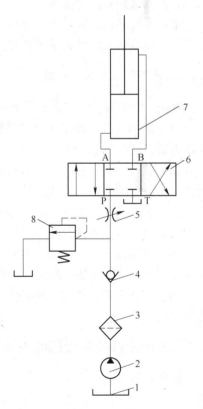

图1-1　液压系统工作原理图

1—油箱；2—液压泵；3—过滤器；

4—单向阀；5—节流阀；6—换向阀；

7—液压缸；8—溢流阀

液压缸的运动速度由节流阀 5 控制。液压泵输出的压力油流经单向阀 4 后分为两路，一路经节流阀通向液压缸，另一路经溢流阀 8 流回油箱。节流阀像水龙头，拧动阀芯，改变其开口大小，就可以改变通过节流阀进入液压缸的油液流量，以控制液压缸运动速度，进而实现物体运动速度的调节。

液压缸的出力大小由外负载决定，并通过溢流阀来控制。调节溢流阀中弹簧的压紧力，就可控制液压泵输出油液的压力。当举升的外负载超过溢流阀调定的承载能力时，油液压力达到液压泵的最高压力，此阀在调压时是开启的，压力油就通过溢流阀和回油管直接流回油箱，油液压力不会继续升高。所以，溢流阀同时起着使系统具有过载安全保护的作用。

液压泵从油箱吸入的油液在往外输送时，先经过过滤器 3 过滤，清除杂质污物，以保证系统中各阀门不被堵塞和损坏。

液压系统工作原理用图形符号表示，如图 1-1 所示，简单明了。GB/T 786.1—93 还规定，符号均表示元（辅）件的静止位置或零位置。所以在图 1-1 中换向阀 5 处于中间位置，此时，换向阀的进油口、回油口以及通往液压缸的两油口，均被阀芯堵死。液压泵输出的全部油液通过溢流阀 8 流回油箱。溢流阀 8 上的虚线代表控制油源来自液压泵的输出油路，当液压泵的输出油压作用力能够克服弹簧力时，即推开溢流阀芯，使液压泵出口与回油管构成通路，实现溢流。

液压系统的图形符号是液压传动的工程语言，是设计和分析液压系统的工具，在弄清液压系统和液压元件结构及工作原理的基础上，熟练掌握其图形符号十分必要。

1.1.2 液压传动系统的组成

从图 1-1 可以看出，液压传动系统由以下 5 个部分组成：

（1）动力元件。即液压泵，是将机械能转换为液压能的装置，其作用是为液压系统提供压力油，是系统的动力源。

（2）执行元件。包括液压缸和液压马达，两者统称为执行机构。执行元件是将液压能转换为机械能的装置，其功能是在压力油的作用下实现直线运动或旋转运作。

（3）控制元件。如溢流阀、节流阀、换向阀等各种液压控制阀，其作用是控制液压系统中油液的压力、流量和流动方向，保证执行元件能完成预定的工作。

（4）辅助元件。如油箱、管道、管接头、过滤器、蓄能器、压力表、密封件等，在液压系统中起储油、连接、过滤、储存压力能等作用，保证液压系统工作稳定可靠。

（5）工作介质。即液压传动液体，液压系统是以液体为工作介质来实现能量的转换和传递的。

1.2 液压元件性能检测的重要性

液压元件是组成液压系统的基础件，液压元件性能能否达到要求，将直接影响液压系统工作性能。所以，对液压元件进行性能测试十分重要，其重要性体现在以下几个方面。

A 验证设计要求与装配质量

在设计液压元件时首先设定性能要求，如压力、流量、寿命、动态特性等，根据这些性能选择材料，确定配合间隙、加工精度、油口大小、摩擦力等。当液压元件制造成功后，还需通过试验来检验其性能是否达到要求。

按照图纸对加工精度、光洁度、表面处理、装配要求、通过试验获取的结果进行检验，也能反映加工、装配的质量。

B　为研发新的液压元件提供支持

研发新的液压元件，一般是从理论分析、建立数学模型、进行仿真分析提出液压元件结构，通过设计计算设计出加工图，进而通过加工、装配组成新的液压元件。此外，必须通过试验，测定其性能是否达到研发时提出的性能要求，若未达到，必须修改原研发方案，经过不断改进，方可实现研发新元件的目的。

C　检验维修后液压元件性能

液压元件维修后，其性能恢复到什么程度，不通过试验是很难确定的，这将决定该液压元件能否重返原液压系统工作。一般情况下维修后的液压元件的性能均有所降低，但降低到什么程度，是否仍可以继续使用，应通过试验来判定，切不能靠想象来决定。

D　对液压元件进行故障诊断

在使用一段时间后，系统的液压元件必然有不同程度的损坏，个别元件损坏比较严重时，直接影响液压系统正常工作。一般情况下，取出已损液压元件，在试验台对其性能进行检测，检测中可以发现损坏的部位，进而对其进行修复，不能修复的元件作报废处理。

E　检验新购液压元件性能

对新购液压元件或库存液压元件需进行性能检测。新购液压元件由于出厂、运输等原因对其性能会造成影响；库存中液压元件，由于仓库条件差，存放时间长，搬动等原因，也会对其性能造成影响。为了使更换上线的液压元件可靠性高，使生产线能顺利投入运行，对新更换的液压元件进行性能检测也是必要的。

总之，对液压元件进行性能试验是为了验证该元件是否达到产品样本要求，为液压系统正常工作提供保障。

1.3　液压故障分析与识别基础

1.3.1　液压故障模式

液压故障模式是从不同表现形态来描述的，是液压故障现象的一种表征。一般来说，液压故障的对象不同，即不同的液压元件和液压系统，其液压故障模式也不同。

液压缸的液压故障模式有液压缸爬行、冲击、泄漏、推力不足、运动不稳等。

液压泵的液压故障模式有无压力、压力与流量均提不高、噪声大、发热严重等。

电液换向阀的液压故障模式有滑阀不能移动、电磁铁线圈烧坏、电磁铁线圈漏电、漏磁、电磁铁有噪声等。

1.3.2　液压故障原因

1.3.2.1　液压故障因素（也称为内因）

液压故障对象（发生液压故障的液压元件和液压系统）本身的内部状态与结构，对液压故障具有抑制或促发作用，其内因为：

（1）液压元件结构设计潜在缺陷或液压元件结构特性不佳，如滑阀在往复运动中易发生泄漏的液压故障等。

（2）液压元件材质不佳，制造质量差，留下隐患，易导致液压故障。

（3）液压系统设计不合理或不完善，使用时由于液压功能不全，导致液压故障。

（4）液压设备运输、液压系统安装调试不当或错误导致液压故障。

1.3.2.2　液压故障诱因（也称为外因）

液压故障诱因指引起液压元件和液压系统发生液压故障的破坏因素。如力、热、摩擦、磨损、污染等环境因素，使用条件、时间因素和人为因素等。其外因为：

（1）液压系统的运行条件，即环境条件与使用条件的影响，如温度过高，水和灰尘的污染等，导致液压故障。

（2）液压系统的维护保养不当和管理不善，如未能按时保养、按时换油、按时向蓄能器补充氮气等，导致液压故障。

（3）自然因素和人为因素的突变，如密封圈老化失效、运行规范不合理、操作失误等，导致液压故障。

1.3.3　液压故障机理

液压故障机理是诱发液压元件和液压系统发生液压故障的物理与化学过程，电学与机械学过程等，也是形成液压故障的原因。一般来说，在研究液压故障机理时，至少要研究下列三个基本因素：

（1）液压故障对象。发生液压故障的液压元件和液压系统本身实体，是液压故障的因素。

（2）液压故障诱因。加害于液压故障对象，使其发生液压故障的外因，或者说是输入的液压故障加害因素，即输入诱因。

（3）输出结果。输出的异常状态、液压故障模式等，或者说是液压故障诱因作用于液压故障对象的结果。也是液压故障对象的状态超过某种界限，就作为输出而发生液压故障，即输出结果。

因此，液压故障机理可用液压故障模型表示：

$$\boxed{液压故障对象} + \boxed{液压故障诱因} \rightarrow \boxed{液压故障模式}$$

或　　　　　$$\boxed{液压故障对象} + \boxed{输入诱因} \rightarrow \boxed{输出结果}$$

1.3.4　液压故障分析的基础方法

为识别液压故障而研究液压故障发生的原因、机理和发生概率与后果以及预防对策，对液压故障对象及其相关事件进行逻辑分析与系统调查的技术活动，就称为液压故障分析。

液压故障分析是液压故障诊断的一个重要方面。按照液压故障对象的液压功能，采取液压故障分析的方法查找液压故障，是当前常用的液压故障诊断的基本方法。从液压故障对象的液压功能联系出发，追查探索液压故障原因，有两类基本分析方法：

（1）液压故障顺向分析法。即指从发生液压故障的原因出发，按照液压功能的有关联系，分析液压故障原因对液压故障表征（输出结果——液压故障模式）影响的分析方法。也就是指，按照液压功能联系，从液压设备的下位层次（液压故障对象发生液压故障的各种因素）向上位层次（液压故障表征——输出结果）进行分析的方法。采用这种分析方法，对预防液压故障的发生，预测和监视运行状态具有重要的作用。

（2）液压故障逆向分析法。即指从液压故障对象发生液压故障后的液压故障表征（输出结果——液压故障模式）出发，按照液压功能的有关联系，分析发生液压故障的各种因素影响的分析方法。也是指，按照液压功能联系，从液压设备的上位层次（液压故障表征——输出结果）发生液压故障出发，向下位层次（液压故障原因）进行分割的分析方法。简单地说，是从液压故障的结果向原因进行分析的方法。这种分析方法是常用的液压故障分析方法。其目的明确，只要液压功能原理的关系清楚，查找液压故障就很简便，因此应用较为广泛。

1.4 液压元件故障诊断

液压元件包括液压缸、液压马达、液压泵、控制阀、压力表开关、过滤器、蓄能器、冷却器、密封件和管接头等。

液压元件故障是反映液压元件能否正常工作的重要因素，也是反映液压元件性能的重要方面。液压元件性能试验与故障诊断有着密切关系，对液压元件进行性能试验时，要深入了解液压元件故障及其处理对策。

1.4.1 液压缸故障诊断

液压缸是将液压泵输入的液压能转换为机械能的执行元件。液压缸按其结构可分为活塞式、柱塞式、摆动式、复合式等。常用的为活塞式液压缸，主要由两个组件（缸筒组件和活塞组件）和三个装置（密封装置、排气装置及缓冲装置）等组成。

1.4.1.1 液压缸内泄漏液压故障诊断

液压缸内泄漏容易导致液压缸爬行推力不足、速度下降、工作不稳等液压故障。缸内泄漏表现为压力表显示值上升慢或难以达到规定值，液压缸中途用挡铁顶住不能前移时回油管仍有回油，检查液压泵和溢流阀均无故障，在液压缸全行程上故障部位规律性很强。液压缸内泄漏的原因是缸体与活塞因磨损而间隙过大，若活塞装上密封圈，则因磨损或密封圈老化而失去密封作用。处理措施是更换活塞或密封圈，保持合理的间隙。

若液压缸经常使用的只是其中一部分，则局部磨损严重，间隙增大，缸内会泄漏。此时，可重磨缸筒、重配活塞。

1.4.1.2 液压缸机械别劲液压故障诊断

液压缸机械别劲容易导致液压缸爬行推力不足、速度下降、工作不稳等液压故障，液压缸机械别劲表现为压力表显示压力偏高，液压缸中途用挡铁顶住不能前移时回油管无回油，溢流阀回油管有回油，故障部位规律性很强。液压缸及其运动部件动作阻力过大，使液压缸的速度随着行程位置的不同而变化，这种现象大多由装置质量差所引起。活塞杆密封压得太紧，活塞杆较长，在滑动部位造成过大的阻力。检查液压缸动作阻力时，可先卸荷，往复空行。如果在同一部位阻力变大，则可能是伤痕或烧结所致。

若污物进入液压缸的滑动部位，则会使阻力增大。特别是液压缸带动的运动部件的导轨或滑块夹得太紧，阻力过大，表现更为明显。只要将压块或滑块稍微调松一点，故障就很快消除。零件的变形与磨损或形位公差超限等，都会产生机械别劲，应重修和调整。

1.4.1.3 液压缸爬行故障诊断

所谓液压缸爬行，是指液压缸运动时所出现的时断时续速度不均现象。低速时爬行现象更为严重，而且显得液压缸推力不足。速度下降的主要特征是推不动或速度减慢，使液压缸工作不稳定。

1.4.1.4 液压缸进气液压故障诊断

液压缸进气液压故障诊断主要包括：

（1）液压缸进气的故障表现及其危害。液压缸混入空气后，会使活塞工作不稳定，产生爬行和振动，还会使油液氧化变质、腐蚀液压系统和元件。当液压缸竖直或倾斜安装时，积聚在活塞下部的空气不易排出，从而产生大的振动和噪声，一旦受到绝热压缩，就会产生较高的温度，烧毁密封元件。

（2）液压缸进气的原因（进气源）及处理主要有：

1）液压缸中原有空气未排除干净。由于结构上的关系，液压缸内的空气不易排除干净。工作前，必须把缸内残存的空气尽量排除掉。结构上要设置排气口，且应设在最高部位。

2）液压缸内部形成负压时，空气被吸入缸内，因此应设有充油或补油管路等。

3）管路中积存的空气没有排除干净。液压泵与液压缸连接管路的拐弯处常易积存空气，很难排除。因此，在管路高处一般加设排气装置。

4）从液压泵吸油管路吸进空气。因为液压泵吸油侧是负压，很容易吸进空气，因此吸油管应插入油箱的油面以下，吸油管不允许漏气。

5）油液中混进空气。当回油管路高出油箱液面时，排回的油液在液面上飞溅，就可能卷进空气。过滤器部分露出液面时，也会使空气吸进液压泵而带入液压缸，因此回油管应插入油箱的液面以下，过滤器不允许露在液面外。

（3）故障诊断。故障诊断主要包括以下几方面：

1）液压泵连续吸气进入液压缸，其压力表显示值较低，液压缸无力或爬行，油箱起泡，应及时诊断液压泵吸气故障，及时排除。

2）液压缸内和油管内存入气体，表现为压力表显示值偏低，液压缸有轻微爬行，油箱内有少许气泡或无气泡，通过排气即可解决。

3）液压缸形成负压吸气和油中带入气体，表现为压力表显示值偏低，液压缸不断爬行，油箱内有少量气泡，应及时消除油中气体及对液压缸形成负压的部位进行处理。

1.4.1.5 液压缸冲击及缓冲液压故障诊断

液压缸冲击及缓冲液压故障诊断主要包括：

（1）液压缸冲击故障表现及其缓冲装置。液压缸快速运动时，由于工作机构质量较大，具有很大的动量和惯性，往往在行程终点造成活塞与缸盖发生撞击，产生很大的冲击力，并发出较大的声响和振动。这不仅损坏液压缸有关结构，而且影响配管及控制阀的工作性能。为了防止这种现象的发生，应在液压缸中设置缓冲装置。其结构有环形间隙式、节流口可调式、节流口可变式及外部节流式等。

（2）缓冲装置不良的液压故障。为了提高液压缸速度，往往采用加大油口的办法，但速度提高后，启动液压缸，待缓冲柱塞刚离开端盖，就发现活塞有短时停止或后退现象，而且动作不稳定。原因是油口尺寸虽已加大，但没有考虑缓冲装置中的单向阀结构。当负荷小、活塞高速动作时，如果单向阀流量较小，则进入缓冲油腔的油量就太少，使之出现真空。因此，在缓冲柱塞离开端盖的瞬间，会引起活塞短时停止或逆退，而且启动时的加速时间太长，也会出现动作不稳定。即使活塞速度不太大，单向阀钢球随油流动，堵塞阀孔，也会引起类似故障。所以，当液压缸动作速度较快时，要求油口尺寸和单向阀流量恰当。另外，活塞与端盖相接触的表面加工精度太高，使之呈密合状态，加压后，液压缸往往不动。原因是受压面积太小（只有缓冲柱塞、单向阀以及针阀的小孔面积），作用力不足。为了防止这种故障，端盖上的环形凹槽尽量做得大些，以增大受压面积。缓冲装置失灵，即缓冲调节阀处于全开状态，活塞不能减速，会突然撞击缸盖，惯性力很大，可能使安装在底座和缸盖上的螺栓损坏。

1.4.2 液压泵和液压马达故障诊断

从理论上讲，液压泵和液压马达是可逆的。同类型液压泵和液压马达，虽然在结构上相似，但由于两者的使用目的不同，结构上也有差异。为了弄清产生故障的原因，必须了解两者的差异。

液压泵低压腔一般为真空。为了改善吸油性能和抗气蚀能力，通常把进油口做得比排油口大。而液压马达低压腔的压力略高于大气压力，没有上述要求。

液压马达必须能正反转，所以内部结构有对称性。而液压泵一般是单方向旋转，没有对称性的要求。例如，齿轮马达必须有单独的泄漏油管，而不能像泵那样引入低压腔。叶片马达由于叶片在转子中沿径向布置，装配时不会出现装反的情况，而叶片泵的叶片在转子中必须前倾或后倾安放。

液压马达的速度范围很宽，要求有低的稳定速度，启动扭矩大。液压泵一般速度很高，变化较小。

液压泵在结构上必须保证具有自吸能力，而液压马达没有这一要求。例如，点接触轴向柱塞液压马达（其柱塞底部没有弹簧）不能做液压泵用，就是因为其没有自吸能力。

由于以上原因，很多同类型的液压泵和液压马达均不能互逆使用，因而其故障原因和诊断也不尽相同。

1.4.2.1 液压泵故障诊断

液压泵故障诊断主要包括：

A 液压泵噪声液压故障诊断

噪声产生的原因及诊断方法主要包括：

a 液压泵困油产生的噪声

所谓液压泵困油现象，即液压泵内的可变密封容积由大变小，压缩油液，但已与液压泵压油口断开，这时就会产生很高的内部压力，似乎要把液压泵撕开。当容积由小变大，但尚未与液压泵吸油口相通时，就会形成真空，产生气穴和气蚀，发出很大的噪声，这就是液压泵困油现象。为了消除液压泵困油现象，设计时应改进结构（如齿轮泵中设卸荷槽或卸荷孔，叶片泵及轴向柱塞泵在配流盘上设卸荷槽等），使可变密封容积总是分别和液压泵吸、压油口微通。但是，由于装配质量和维修拆装也会造成消除困油现象的卸荷槽（或卸荷孔）的位置偏移，导致液压泵困油现象不能得到消除。表现为随着液压泵旋转，不断交替地发出爆破声和嘶叫声，规律性很强。这种噪声使人难以忍受。新泵或用过的旧泵均会发生这种困油现象。消除的办法是将液压泵上消除困油现象的卸荷槽（或卸荷孔）用刮刀或什锦锉，逐渐沿边修刮或沿槽锉长，边修正边试验，直至消除困油噪声为止。每次修正量一定要很微小，以免造成液压泵吸、压油口互通。

b 液压泵吸油及进气产生的噪声

一般工作油中溶解的空气量比较少，对噪声影响不甚大。一旦混入了空气，则影响极大。许多液压系统在运转初期噪声都很小，但运转一段时间后，就出现较大的噪声。油箱中的油液因含有小气泡而变成乳白色，证明已混入空气。

工作油中混入空气后，发生气穴，噪声值将增加 10 ~ 15dB，发出很容易分辨的尖叫声。所以，控制空气的侵入是降低噪声的重要途径。检查部位与清除方法是：

（1）油箱的液面不能太低，油量要足，一般液压泵的吸油管口距油箱油面高度以140 ~ 160mm 为宜。否则油面过低，会产生吸油波，从吸油管吸入空气。

（2）进油管的密封性要可靠，不得有漏气处，密封圈要保持完好，发现漏气时，可拧紧管接头或更换密封圈。

（3）过滤器不可堵塞或滤网过密（一般为 70 目左右），否则会造成吸油阻力过大。滤油网一定不要露出液面或插入油面的深度过浅。一般滤油网应放在油箱的油面下2/3处。

（4）检查液压泵的密封部位，防止由此进入空气。还要检查液压泵的转速，转速不要太高，否则会造成"吸空"现象。若液压泵已进入了空气，则要进行排气，而进入管道内的空气，可以松开放气塞排除，对油中的气泡，可以采取短时间停车的办法，让油箱中的气泡分离。

总之，为了防止气穴的发生，控制液压泵的噪声，应对所有能进入空气的渠道都进行检查，并采取相应措施进行防治。

c 液压泵机械噪声

由机械振动而引起的噪声，有的是装配问题，有的是设计加工问题。例如，各种液压泵的旋转部分产生周期性不平衡力（形成振源），齿轮加工误差（如齿形误差、节距误差、齿槽偏斜，特别是齿形误差）造成啮合时接触不良，产生周期性的冲击和振动等，都会引起噪声。但也存在装配质量和零件磨损、破裂和拉毛等所造成机械噪声。

（1）因轴线不平行而造成齿轮啮合不良，泵盖与齿轮端面磨损，因螺栓松动而使泵体与泵盖接触不良，空气进入泵内等，都会产生噪声。尤其当齿形误差较大，而安装又不合要求时，出现的噪声及振动更大。

（2）液压泵的轴承磨损、叶片与定子曲线的撞击与损伤等，都会出现异常的噪声。液压维修人员凭经验很容易察觉到，这一点并不是在运转初期出现，往往是在运转一段时间之后出现，而且愈来愈严重。

（3）电动机与泵传动轴不同心、变量叶片泵滚针轴承调整不当等，也会产生振动和噪声。

对于上述故障，往往凭听觉、视觉和触觉与正常运行状态比较后判定。处理措施是停车检查调整，拆卸液压泵，修磨或更换零件。

此外，为了降低液压泵的噪声，还必须降低液压泵出口的压力脉动和管路影响。例如，可在液压泵出口附近安装一个蓄能器来吸收液压泵的压力脉动或缓冲管路内的压力剧变，以降低液压泵的噪声。

为了控制管路的振动，一般可采用隔离装置，加橡胶垫等。实践证明，这些方式对降低噪声有一定的效果。

除上述降低噪声的措施外，还可采用消声器来衰减压力脉动，用隔音材料（或隔音罩）以遮蔽噪声源。例如，多孔烧结铝吸音材料，在距四周1m范围实测1台油压机（外形尺寸，长×宽×高为1.2m×0.8m×0.4m）。无隔音罩时为86dB，安装了隔音罩后可降为70dB。齿轮泵的噪声值可由原来的75～90dB降到65～80dB；叶片泵由原来的75～95dB降到62～75dB；柱塞泵由原来的75～95dB降到70～85dB。

B　液压泵压力不足或无压力

液压泵的压力取决于负载。当负载很小或无负载时，压力是很小的。如果在负载工况下不能输出额定压力或压力值很小，即为液压泵压力不足的液压故障。主要有以下两个方面：

a　液压泵不吸油

电动机启动后，液压泵不吸油，其原因是液压泵的转向不对。有时可能是吸油管没有插入油箱的油面以下。这类故障比较好检查，也易排除。转向不对时，调换一下电线接头，使电动机反转即可。如仍不吸油，则应进一步检查吸油侧或油管是否有毛病。

b　液压泵泄漏严重

液压泵泄漏严重，势必造成流量下降，压力提不高。这种故障多半由于液压泵的磨损，轴向间隙增大所造成（当然也会有其他部位的泄漏）。齿轮泵的齿轮端面与泵盖内侧面磨损后，会造成轴向间隙过大，这是引起泄漏的主要原因。过多的油流回吸油腔，必然使压力降低。这种故障从机械噪声或液压泵的温升情况比较容易判断。解决的办法是，修磨齿轮两端面，使其公差满足尺寸要求，然后依此修配泵体，保证合适的轴向间隙（CB型齿轮液压泵的间隙为0.03～0.04mm）。

叶片泵也多由于磨损严重而引起故障。例如，轴向间隙过大，叶片与叶片槽的间隙超差，叶片顶部与定子内表面接触不良或磨损严重等，都会破坏密封性能，使泵的内漏增大，压力降低，定子内表面及叶片顶部、转子与配油盘端面的磨损是维修中最常见的。双作用叶片泵的定子内表面的吸油区过渡曲线部分，由于叶片根部通压力油使叶片顶部顶在定子内表面上，故定子内表面受较大的压力（有时还要受到叶片的冲击），因而最容易磨损，而在压油区，由于叶片两端（根部和顶部）受力基本平衡，因而磨损较小。解决办法是，磨损不甚严重时，可用细砂条修磨，并把定子旋转180°（使原来的吸油区变为压油区）即可使用，如果叶片顶部磨损，可把叶片根部作成倒角或圆角，当作新的顶部使用（即原来的顶部作为根部）。

转子与配油盘端面磨损严重时，也可采用修磨的办法，把磨损表面磨平。应当注意，转子磨去多少，叶片也应该磨去多少，以保证叶片宽度始终比转子宽度小0.005～0.01mm，同时，还要修磨定子端面，保证其轴向间隙。

另外，还应注意叶片不要装反，叶片在槽中不要配合过紧或有卡死现象。

C　液压泵排量不足或无排量

液压泵排量不足或打不出油的原因可能与前面介绍的压力不足相同（液压泵不吸油或

泄漏较大), 也可能有其他原因。这里仅就吸油工况来分析故障产生的原因:

(1) 液压泵转速不够, 使吸油量不足。这种现象往往是由于泵的驱动装置打滑或功率不足所致。此时, 应检查、测定泵在有载运转时的实际转速、泵与电动机的连接关系及功率匹配情况等。

如果液压泵转向接反, 始终无油排出, 则只要使电动机反转就可解决。

(2) 吸油口漏气, 导致油量不足和噪声较大。漏气的原因多是管接头处密封不良。

(3) 过滤器或吸油管有堵塞现象。过滤器或吸油管堵塞后, 将造成吸油困难, 使流量不足。过滤器堵塞的原因多半是由于被油中污染物堵塞, 所以所选用的滤油网也不能过密 (一般可选用 60 ~ 70 目), 且必须定期清洗。

(4) 油箱中油面太低、油量不足或液压泵安装位置距油面过高等, 都会使吸油困难。若空气被吸入, 也会造成流量不足。

(5) 油液黏度太高, 造成吸油不畅, 或液压泵转速下降, 也会使流量下降。

(6) 黏度过低或油温过高, 造成泄漏增加, 使流量不足。

D　液压泵温升过高

液压系统的油温以不超过 55℃ 为宜。液压泵的温度允许稍高些 (5 ~ 10℃), 但液压泵与液压系统的最高温差不得大于 10℃。温升过高 (俗称发热), 有设计、装配、调整及使用等多方面的原因:

(1) 系统卸荷不当或无卸荷、管道流速选得过高、压力损失过大等, 都是设计不合理, 造成液压泵温升过高的原因。

(2) 从使用维护的角度考虑, 造成温升过高的原因有:

1) 装配质量没有保证 (如液压泵的轴向间隙太小、转子的垂直度超差、几何形状超差等), 相对运动的表面油膜被破坏, 形成干摩擦, 机械效率降低, 使液压泵发热。

2) 液压泵磨损严重, 轴向间隙过大, 泄漏增加, 容积效率降低, 其能量损失转化为热能, 使液压泵发热。

3) 油液污染严重、黏度过高或过低, 都会使油温升高。例如, 油液污染或变质后, 形成沥青状污物, 使运动副表面油膜破坏, 摩擦增大, 油温升高。油液黏度过高, 将使流动阻力增加, 能量损耗转为热能增加。黏度过低, 泄漏增加, 也导致油温上升。

4) 系统压力调整过高, 使液压泵在超负荷下 (超过额定压力) 运行, 因而易使油温升高。此外, 油量不足或油箱隔板漏装 (或不设置), 使回油得不到充分冷却又被吸入液压泵内, 因而油温升高。高压液压泵吸进空气, 也会使温度急剧升高。

总之, 为抑制液压油温升过高, 从制造到使用维修都应严格检查和控制。装配时, 要保证轴向间隙符合要求。相对运动的表面, 要保证充分润滑, 不得出现干摩擦。系统工作压力要调整到小于液压泵的额定压力。油的黏度要选择适当, 并保持其清洁性。回油箱的热油, 要得到充分冷却 (必要时可设冷却器)。

液压泵出现故障的原因是多方面的, 既具体又复杂, 诊断故障的方法要根据故障的表现、维修人员的经验、工厂的条件和生产使用情况来确定。

1.4.2.2　液压马达液压故障诊断

液压马达与液压泵结构基本相同, 其故障及排除方法可参考液压泵故障诊断。液压马达的特殊问题是启动转矩和启动效率等问题。这些问题与液压泵的故障也有一定关系:

（1）液压马达回转无力或速度迟缓。这种故障往往与液压泵的输出功率有关。液压泵一旦发生故障，将直接影响液压马达：

1）液压泵出口压力过低。除溢流阀调整压力不够或溢流阀发生故障外，原因都在液压泵上。由于液压泵出口压力不足，使液压马达回转无力，因而启动转矩很小，甚至无转矩输出。解决的办法是，针对液压泵产生压力不足的原因进行排除。

2）油量不够，液压泵供油量不足和出口压力过低，将导致液压马达输入功率不足，因而输出转矩较小。此时，应检查液压泵的供油情况。发现液压马达旋转迟缓时，应检查液压泵供油不足的原因并加以排除。

（2）液压马达泄漏。液压马达泄漏导致的故障及诊断方法主要包括：

1）液压马达泄漏过大，容积效率大大下降。

2）泄漏量不稳定，引起液压马达抖动或时转时停（即爬行）。泄漏量的大小与工作压差、油的黏度、马达结构形式、排量大小及加工装配质量等因素有关。这种现象在低速时比较明显。因为低速时进入马达的流量小，泄漏较大，易引起速度波动。

3）外泄漏引起液压马达制动性能下降。用液压马达起吊重物或驱动车轮时，为防止维修时重物下落和车轮在斜坡上自行下滑，必须有一定的制动要求。

液压马达进出油口切断后，理论上应完全不转动，但实际上仍在缓慢转动（有外泄漏），重物慢速下落，甚至造成事故。解决办法是检查密封性能，选用黏度适当的油，必要时另设专门的制动装置。

（3）液压马达爬行。液压马达爬行是低速时容易出现的故障之一。液压马达最低稳定转速是指在额定负载下，不出现爬行现象的最低转速。液压马达在低速时产生爬行的原因有：

1）摩擦阻力的大小不均匀或不稳定。摩擦阻力的变化与液压马达装配质量、零件磨损、润滑状况（不良润滑将出现油膜破裂）、油的黏度及污染度等因素有关。例如，连杆型低速大扭矩液压马达的连杆与曲轴间油膜破坏（润滑不良）或滑动面损坏都会出现时动时不动的爬行现象。

2）泄漏量不稳定。泄漏量不稳定将导致液压马达爬行。高速时，因其转动部分及所带的负载惯性大（转动惯性大），爬行并不明显；而在低速时，转动部分及所带负载的惯性较小，明显地出现转动不均匀、抖动或时动时停的爬行现象。

为了避免或减小液压马达的爬行现象，维修人员应做到，根据温度与噪声的异常变化及时判断液压马达的摩擦磨损情况，保证相对运动表面有足够的润滑；选择黏度合适的油并保持清洁；保持良好的密封，及时检查泄漏部位，并采取防漏措施。

（4）液压马达脱空与撞击。某些液压马达（如曲柄连杆式），由于转速的提高，会出现连杆时而贴紧曲轴表面，时而脱离曲轴表面的撞击现象。多作用内曲线液压马达做回程运动的柱塞和滚轮，因惯性力的作用会脱离导轨曲面（脱空）。

为避免撞击和脱空现象，必须保证回油腔有背压。

（5）液压马达噪声。液压马达噪声和液压泵一样，主要有机械噪声和液压噪声两种。

机械噪声由轴承、联轴节或其他运动件的松动、碰撞、偏心等所引起。

液压噪声由压力与流量的脉动，困油容积的变化，高低压油瞬时接通时的冲击，油液流动过程中的摩擦、涡流、气蚀、空气析出、气泡溃灭等所引起。

一般噪声应控制在 80dB 以下。如噪声过大，则应根据其发生的部位及原因，采取措施予以降低或排除。

1.4.3　液压控制阀故障诊断

液压系统液压故障是多种原因引起的。对控制阀液压故障诊断和处理，能极大地提高液压系统的工作稳定性、可靠性、控制精度及寿命等。控制阀分方向控制阀（换向阀、单向阀等）、压力控制阀（溢流阀、减压阀、顺序阀、压力继电器等）、流量控制阀（节流阀、调速阀等）三大类。

1.4.3.1　换向阀液压故障诊断

换向阀是利用闷芯（滑阀）与阀体相对位置的变化来控制液流方向的。对换向阀的主要要求是：换向平稳、冲击小（或无冲击）、压力损失小（减少温升及功率损失）、动作灵敏、响应快、内漏少、工作可靠和寿命长等。换向阀分为滑阀式换向阀（简称为换向阀）和转阀式换向阀（简称为转阀）。而换向阀按操纵阀芯运动的方式可分为手动、机动（行程）、电磁动、液动、电液动、机液动换向阀（液压操纵箱）等。

A　电磁换向阀

按使用电源不同，可分为交流电磁阀（220V 和 380V）和直流电磁阀（24V 和 110V）两种。交流电磁铁电源直接用市电，简单方便，启动力大，但启动电流大，铁芯不吸合而易烧毁线圈，其动作快，换向时间短（0.01~0.07s/次），换向冲击大，换向频率不能太高（30 次/min 左右）。直流电磁铁吸合与否，其电流基本不变，故不易烧毁线圈，工作可靠性好，换向时间较长（0.1~0.2s/次），故换向冲击小，换向频率较高（允许 120 次/min，最高可达 240 次/min 以上），但需要有直流电源，因此成本较高。当采用交流电磁铁经常烧毁或换向冲击过大时，可改用直流电磁铁即可排除上述故障。为了解决专用直流电源问题，另有一种本整型电磁铁，其电磁铁是直流的，但阀上带有整流器，接入的交流电经整流器整成直流后再供给电磁铁，成为使用交流电源的直流电磁阀。当局部要改用直流电磁阀时，可采用本整型电磁阀，虽价格稍高，但效果很好。

电磁铁按照其衔铁是否浸在油中，又可分为干式和湿式两种。干式电磁铁不允许油液进入电磁铁内部，故在推杆上装有密封圈，既增加了推杆密封处摩擦阻力，又易泄漏。目前常用的就是干式电磁铁。湿式电磁铁的衔铁浸在油中，推杆间不需设密封装置，既减少了运动阻力，又无泄漏。当换向要求较高时，应改用湿式直流电磁铁，这对排除换向阀故障是很重要的。

B　电液换向阀及机液换向阀（操纵箱）

电液换向阀及机液换向阀是由先导阀（电磁换向阀、机动换向阀等）、液动换向阀、单向阀及节流阀组成。先导阀控制液动换向阀换向，液动换向阀可控制大流量的执行元件换向。操纵箱就是一个机液换向阀，有控制直线或往复运动、换向停留、断续进给和无级调速等功能。

电液换向阀及机液换向阀常见的故障有：

（1）液动换向阀不换向。产生不换向的原因除换向推杆与先导阀脱开外，还有换向阀两端油道不通（堵塞或节流阀节流口调的过小）或油压调节过低等因素。排除方法是检查、清洗、放松节流阀调节螺钉，适当调高工作压力。

（2）换向时冲击或噪声较大。换向时，滑阀移动速度过快，会产生液压冲击和噪声。控制办法是调小单向节流阀的节流口，减少流量。

（3）换向精度低和停留时间不确定。磨床操纵箱换向阀要求换向精度高。换向时，同一速度下换向点的变动应小于0.02mm，速度换向精度应小于0.2mm，并要求在0~5s内调节。由于换向阀的滑阀卡住或移动不灵活，使换向精度和停留时间不稳定。解决办法是检查、清洗或去掉有关伤痕或毛刺，若油液污染严重，则应排除污油，更换新油。

1.4.3.2 溢流阀液压故障诊断

溢流阀的作用是在系统中实现定压溢流和过载保护。按其结构不同，可分为直动式和先导式两种。直动式溢流阀用于低压系统调压，或用作远程调压，故又称为调压阀。一般的中高压系统均用先导式溢流阀，多级调压系统亦可用。溢流阀还可以作安全阀、背压阀、压力阀使用，是压力控制阀中的重要阀类，可应用于所有的液压系统。溢流阀液压故障及诊断主要包括：

A 振动与噪声

振动与噪声是溢流阀的一个突出问题，在使用高压大流量时，振动和噪声更大，有时甚至会出现很刺耳的尖叫声。

低噪声溢流阀在结构上有不少改进。在流量为50~150L/min，压力为6.3~20MPa、背压为150~200kPa时，其噪声值在58~72dB范围内。

溢流阀产生噪声的原因很多，主要有流体噪声和机械噪声两类。

a 流体噪声。

主要由流速声、高频噪声及液压冲击等产生的噪声。

气穴产生的噪声

发生在主阀芯和阀体之间的节流口部位。油液流经主阀芯与阀座所构成的环形节流口向回油腔喷射时，压力能首先变为动能，然后在下游流道失去动能而变成热能。若节流口下游通道还保持较大的速度值，则压力将低于大气压力，使溶解在油中的空气被分离出来，产生大量气泡。当这些气泡被推到下游回油空间和回油管道时，由于液流压力回升而破灭，发生气蚀，产生频率高达200Hz以上的噪声。

通过环形节流口的液流冲到主阀芯下端时，也会因产生涡流及剪切流体而发出噪声。

解决的办法是首先要对溢流阀回油口及回油管进行防漏密封，防止进入空气，或者使回油管段保持一定的低背压。由于充满了低压油，空气就进不去。防止油液中存有空气，就可防止溢流阀高速溢流时产生气穴气蚀而引起噪声。溢流阀回油口和回油管内如有空气，应及时排除。二是改变阀体内回油腔的结构形状，以损耗能量，使流速降低，压力回升到大气压以上。如设防振块，就有利于降低噪声。三是溢流阀主阀弹簧不能太硬，压紧力要适中，使开始溢流时的节流口开大一些，以降低溢流速度，减小溢流的流速声。

高频振动引起的高频噪声

溢流阀的尖叫声主要是主阀和先导阀处压力波动大所引起高频振动而产生的。主阀的滑阀芯和阀体孔加工制造的几何精度差，棱边有毛刺，或者体内黏附有污物，使其实际的配合间隙增大。这样，阀在工作过程中由于径向受力不平衡，导致性能很不稳定，就产生振动和噪声。先导阀是一个易振部位，在高压情况下溢流时，先导阀的轴向开口很小，仅为0.003~0.006mm，过流面积很小，而流速高，达200m/s，易引起压力分布不均匀，使先导阀径向力不平衡而产生振动。先导阀和阀座的接触不均匀，是引起压力分布不均匀的内在因素。其主要原因一是先导阀与阀座加工时产生的椭圆度，即接触圆周面的圆度不好，光洁度差。当液压力升高并打开先导阀时，在先导阀和阀座形成的开口周围产生不同大小（开口不一）的液压力迫使调压弹簧受力不平衡，使先导阀振荡加剧，啸叫声刺耳。二是调压弹簧轴心线与端面的垂直度误差很大，弹簧节距不均，调节杆轴心线和与其接触的调压弹簧的端面不垂直度、先导阀圆锥面轴心线和与其接触的调压弹簧的端面不垂直度，都会影响调压弹簧工作时轴心线与其端面的垂直度。装配后调压弹簧实际垂直度变差，先导阀就会歪斜，造成先导阀与阀座接触不均匀。三是调压弹簧轴心线与液压力作用线不相重合，主要是由于调节杆、调压弹簧、先导阀圆锥面的轴心线装配时不重合，装配阀座时镶偏。当调压弹簧与液压力的作用线偏移时，倾斜力矩会使先导阀倾斜，调压弹簧弯曲变形，使先导阀与阀座的接触不均匀。另外，先导阀口上黏附有污物等，都会引起先导阀的振动。所以一般认为，先导阀是发生噪声的振源部位。由于有弹性元件（弹簧）和运动质量（先导阀）的存在，构成了产生振荡的一个条件，而先导阀前腔又起了一个共振腔的作用，所以先导阀经常处于不稳定的高频振动状态，发出颤震声（2000～4000Hz 的高频声），易引起整个阀共振而发出噪声，且一般多伴有剧烈的压力跳动。高频噪声的发声率与回油管道的配置、压力、流量、油温（黏度）等因素有关。一般情况下，由于管道口径小，流量少，压力高，油液黏度低，自激振动发生率就高，易发生高频噪声。

解决办法一是提高零件的加工制造精度，如将滑阀和阀体的圆度提高到 0.002mm 左右，配合间隙减小到 0.01mm 左右，先导阀和阀座接触圆周面的圆度误差控制在 0.005mm 以内，表面粗糙度达 0.8 以上，再加上清洗污物，特别是先导阀和阀座的封油面上，清除一切黏附的污物，其尖叫声的发生率就可降到 10% 以下。二是加大回油管径，选用适当黏度的油液。主阀弹簧不宜太硬，使溢流阀的溢流量不至于过少而降低高频噪声的产生率。

液压冲击产生的噪声

即先导式溢流阀在卸荷时，因液压回路的压力急剧下降而发生压力冲击的噪声。越是高压大流量时，这种噪声越大。这是因溢流阀的卸荷时间很短所致。在卸荷时，由于油液流速急骤变化，引起压力突变，造成压力波的冲击。压力波随油传播到系统中，如果同任何一个机械部件发生共振，就有可能加大振动和增强噪声。故在发生液压冲击时，一般多伴有系统的振动。

解决办法一是在溢流阀遥控油路上设置节流阀，使换向阀打开或关闭时，能增加卸荷时间，以减少液压冲击。二是在卸荷油路中采用两级卸荷方式，如先用高压，再降至中压溢流，然后由中压卸荷，可减少液压冲击。

另外，溢流阀的噪声与压力、流量及背压的大小有关。调定压力越高，流量越大，其噪声越大。溢流阀的背压过低，易产生气穴，噪声增大，但背压过高，也会增大噪声。

b　机械噪声。

一般来自装配、维护和零件加工误差等原因产生的零件撞击和零件摩擦所产生的机械噪声。主要表现为：

（1）滑阀与阀孔配合过紧或过松，都会产生噪声。过紧，滑阀移动困难，从而引起振动和噪声；过松，造成间隙过大，泄漏严重，会引起振动和噪声，液动力等也将导致振动和噪声。所以在装配时，必须严格控制配合间隙。例如，某厂生产的高压溢流阀，在单件试验时发现个别噪声过大，拆换符合配合间隙要求的阀芯后，噪声就降低了。

（2）弹簧刚度不够，产生弯曲变形，液动力引起弹簧自振。当弹簧振动频率与系统振动频率相同时，会出现共振。排除方法就是更换弹簧。

（3）调压螺母松动。要求压力调节后，一定要拧紧螺母，否则就会产生振动与噪声。

（4）出油口油路中有空气时，易产生噪声。要防止空气进入，还要排除已有空气。

（5）溢流阀与系统中其他元件产生共振时，会增大振动与噪声。此时，应检查其他元件的安装和管件的固定有无松动。

另外，先导型溢流阀的阀芯磨损后，远程控制腔（控制区）进入空气，阀的流量超过允许最大值。回油管路振动或背压过大等，都会造成尖叫声。

B 压力波动

压力波动是溢流阀很容易出现的故障，有阀本身的问题，也有受液压泵及系统影响的问题。例如，液压泵流量不均和系统中进入空气等都会造成溢流阀压力波动。溢流阀本身引起压力波动的原因主要有：

（1）控制阀芯弹簧刚度不够，弹簧弯曲变形，不能维持稳定的工作压力。解决办法是更换刚度高的弹簧。

（2）油液污染严重，阻尼孔堵塞，滑阀移动困难。为此，应经常检查油液污染度，必要时换油或疏通阻尼孔。

（3）先导阀与阀座配合不良。其原因可能是由于污物卡住或磨损。解决办法是重新清除污物或修磨阀座。如磨损严重，则需要换先导阀。如果压力波动较大，试用各种办法均排除不了时，垫上木板，将先导阀或钢球向阀座方向轻轻敲打两下，压力波动就可能会下降。

（4）滑阀动作不灵活。可能是滑阀表面拉伤，阀孔碰伤，滑阀被污物卡住，滑阀与孔配合过紧等所致。可先进行清洗并修磨损伤处。不能修磨时，可更换滑阀。

C 压力调整无效

所谓压力调整无效，是指无压力，压力调不上去，或压力上升过大。

调整液压系统压力的正确方法是，首先将溢流阀全打开（即弹簧无压缩），启动液压泵，慢慢旋紧调压旋钮（弹簧压缩量逐渐增加），压力即逐渐上升。如果液压泵启动后，压力迅速上升不止，说明溢流阀没有打开。调整无效的主要原因是：

（1）弹簧损坏（断裂）或漏装。此时，滑阀失去弹簧力的作用，无法调整，应更换弹簧或重新装入弹簧。

（2）滑阀配合过紧或被污物卡死，造成调整压力上升。解决办法是检查、清洗并研修，使滑阀在孔中移动灵活。如果油液污染严重，则需要排出污油，更换新油。

（3）先导阀漏装，使滑阀失去控制，调压无效，解决办法是补装。

（4）阻尼孔堵塞，滑阀失去控制作用。堵塞可能是油液污染所引起。所以，在清洗阻尼孔的同时，必须注意油液的污染度，必要时重新更换新油。

（5）弹簧刚度太差（太软）或弹力不够，应更换新弹簧。

（6）进油口和出油口接反。板式连接的溢流阀，常在连接面上标有"O"（出口）及"P"（进口）的字样，不易接反，而管式连接和类型不同的阀，就容易接反。进、出口无标志的阀，应根据油液的流向加以纠正。

1.4.3.3　减压阀液压故障诊断

减压阀液压故障诊断如表 1-1 所示。一般的减压阀起减压和稳压作用，使出口压力调整到低于进口压力，并保持恒定。

表 1-1　减压阀液压故障诊断

故　　障	诊　　断	维　修　处　理
不起减压作用	1. 顶盖方向装错，使输出油孔与油孔沟通； 2. 阻尼孔被堵塞； 3. 回油孔的螺塞未拧出，油液不通； 4. 滑阀移动不灵或被卡住	1. 检查顶盖上孔的位置，并加以纠正； 2. 用直径微小的钢丝或针（直径约 1mm）疏通小孔； 3. 拧出螺塞，接通回油管； 4. 清理污垢，研配滑阀，保证滑动自如
压力波动	1. 油液中侵入空气； 2. 滑阀移动不灵或卡住； 3. 阻尼孔堵塞； 4. 弹簧刚度不够，有弯曲、卡住或太软； 5. 先导阀安装不正确，钢球与阀座配合不良	1. 设法排气，并诊断系统进气故障； 2. 检查滑阀与孔的几何形状误差是否超出规定或有拉伤情况，并加以修复； 3. 清洗阻尼孔，换油； 4. 检查并更换弹簧； 5. 重装或更换先导阀或钢球
输出压力较低，升不高	1. 先导阀与阀座配合不良； 2. 阀顶盖密封不良，有泄漏； 3. 主阀弹簧太软，变形或在阀孔中卡住，使阀移动困难	1. 拆检先导阀，配研或更换； 2. 拧紧螺栓或拆检后更换纸垫； 3. 更换弹簧，检修或更换已损零件
振动与噪声	1. 先导阀在高压下压力分布不均匀，引起高频振动，产生噪声（与流阀同）； 2. 减压阀超过流量时，出油口不断升压—卸压—升压—卸压，使主阀芯振荡，产生噪声	1. 按溢流阀振动与噪声故障诊断处理； 2. 使用时，不宜超过其公称流量，将其工作流量控制在公称流量以内

1.4.3.4　顺序阀液压故障诊断

顺序液压阀故障诊断如表 1-2 所示。顺序阀是用来控制两个或多个执行元件的顺序（先后）动作的。常用的顺序阀分为直控顺序阀、液控顺序阀、卸荷阀和平衡阀。

表 1-2　顺序阀液压故障诊断

故　障	诊　　断	维　修　处　理
根本建立不起压力	1. 阀芯卡住； 2. 弹簧折断或漏装； 3. 阻尼孔堵塞	1. 研磨修理； 2. 更换或补装； 3. 清洗
压力波动	1. 弹簧刚性差； 2. 油中有气体； 3. 液控油压不稳	1. 更换弹簧； 2. 排气； 3. 调整液控油压力
达不到要求值或与调定压力不符	1. 弹簧太软、变形； 2. 阀芯有阻滞； 3. 阀芯装反； 4. 外泄漏油腔存有背压； 5. 调压弹簧调整不当	1. 更换弹簧； 2. 研磨修理； 3. 重装； 4. 清理外泄回油管道； 5. 反复调整
振动与噪声	1. 油管不适合，回油阻力过高； 2. 油温过高	1. 降低回油阻力； 2. 降低油温

1.4.3.5 压力继电器液压故障诊断

压力继电器是将液压力转换为电信号的元件，由压力阀和微动开关组成。安装时，必须处于垂直位置，调节螺钉头部向上，不允许水平安装或倒装。调整时，逆时针转动为升压，顺时针方向转动为降压。调整后应锁定，以免因振动而引起变化。微动开关的原始位置，由于调压弹簧的作用，可通过杠杆把常开变成常闭，这一点接线时应注意。其故障诊断如表1-3所示。

表1-3 压力继电器液压故障诊断

故 障	诊 断	维 修 处 理
灵敏度差	1. 微动开关行程度太大； 2. 杠杆柱销处摩擦力大； 3. 柱塞与杠杆间顶杆不正； 4. 安装不当（如水平或倾斜）	1. 调整或更换行程开关； 2. 拆出杠杆清洗，保证转动自如； 3. 使柱塞衔入顶座窝，减少摩擦力； 4. 改为垂直安置，减少杠杆与壳体的摩擦力
不发信号	1. 指示灯损坏； 2. 线路不畅通； 3. 微动开关损坏	1. 更换； 2. 检修线路； 3. 修理或更换

1.4.3.6 流量阀液压故障诊断

流量阀液压故障诊断如表1-4～表1-6所示。

流量控制阀是在一定的压差下，通过改变节流口大小来控制油液流量，从而控制执行元件（液压缸和液压马达）的运动。所以，流量阀的工作质量直接影响执行元件的速度。常用的流量阀有节流阀、调速阀（压力补偿调速阀）、温度补偿调速阀、减速阀等。调速阀是由定差减压阀和节流阀串联而成，能自动保持节流阀前后压力差不变，使执行元件的运动速度不受负载变化的影响。温度补偿调速阀是在调速阀上增加一根温度补偿杆，以补偿油温升高所造成的流量不稳，并采用薄刃式节流口，以确保流量稳定。

表1-4 节流阀液压故障诊断

故 障	诊 断	维 修 处 理
节流失调或调节范围不大	1. 节流口堵塞，阀芯卡住； 2. 阀芯与阀孔配合间隙过大，泄漏较大	1. 拆检清洗，修复，更换油液，提高过滤精度； 2. 检查磨损、密封情况，并进行修复或更换
执行机构速度不稳定	1. 油中杂质黏附在节流口边缘上，通流截面减小，速度减慢，当杂质被冲洗后，通流截面增大，速度又上升； 2. 系统温升，油液黏度下降，流量增加，速度上升； 3. 节流阀内，外漏较大，流量损失大，不能保证运动速度所需要的流量； 4. 低速运动时，振动使调节位置变化； 5. 节流阀负载刚度差，负载变化时，速度也突变，负载增大，速度下降，造成速度不稳定	1. 拆洗节流器，清除污物，更换精过滤器，若油液污染严重，应更换油液； 2. 采取散热、降温措施，当温度变化范围大、稳定性要求高时，可换成带温度补偿的调速阀； 3. 检查阀芯与阀体间的配合间隙及加工精度，对于超差零件进行修复或更换。检查有关连接部位的密封情况或更换密封圈； 4. 锁紧调节杆； 5. 系统负载变化大时，应换成带压力补偿的调速阀

表 1-5　调速阀液压故障诊断

故　障	诊　断	维　修　处　理
压力补偿装置失灵	1. 主阀被脏物堵塞； 2. 阀芯或阀套小孔被脏物堵塞； 3. 进油口和出油口的压力差太小	1. 拆开清洗、换油； 2. 拆开清洗、换油； 3. 提高此压力差
流量控制手轮转动不灵活	1. 控制阀芯被脏物堵塞； 2. 节流阀芯受压力太大； 3. 在截止点以下的刻度上，进口压力太高	1. 拆开清洗、换油； 2. 降低压力，重新调整； 3. 不要在最小稳定流量以下工作
执行机构速度不稳定（如逐渐减慢，突然增快或跳动等）	1. 节流口处积有脏物，使通流截面减小，造成速度减慢； 2. 内、外泄漏，造成速度不均匀，工作不稳定； 3. 阻尼结构堵塞，系统中进入空气，出现压力波动及跳动现象，使速度不稳定； 4. 单向调速阀中的单向阀密封不良； 5. 油温过高（无温度补偿）	1. 加强过滤，并拆开清洗，换油； 2. 检查零件尺寸精度和配合间隙，检修或更换已损零件； 3. 清洗有阻尼装置的零件，检查排气装置是否工作正常。保持油液清洁； 4. 研合单向阀； 5. 若为温度补偿调速阀，则无此故障，温度补偿的调速阀，应降低油温

表 1-6　行程节流阀（减速阀）液压故障诊断

故　障	诊　断	维　修　处　理
达不到规定的最大速度	1. 弹簧软或变形，弹簧作用力倾斜； 2. 阀芯与阀孔磨损间隙过大而内泄	1. 更换弹簧； 2. 检修或更换
移动速度不稳定	1. 油中脏物黏附在节流口上； 2. 阀的内、外泄漏； 3. 滑阀移动不灵活	1. 清洗、换油、增设过滤器； 2. 检查零件配合间隙和连接处密封； 3. 检查零件的尺寸精度，加强清洗

1.4.3.7　电液比例阀故障诊断

电液比例阀是电液比例控制系统的关键元件，其性能好坏直接影响系统正常工作，该阀在工作中出现的故障及时进行处理，将有效地提高企业经济效益，电液比例阀故障诊断如表 1-7 所示。

表 1-7　电液比例阀故障诊断

故　障	诊　断	维　修　处　理
压力阀阻尼孔堵塞	调低比例阀起始电流，压力始终处于较低值，不能调节	打开阀体，取出阻尼孔清洗
压力阀起始压力过大	调低比例阀最小电流，起始压力仍然偏高，不能降下	先导阀阀座位置设置不合理，调节好阀座位置后锁紧
阀芯卡滞	改变控制电流，液压参数基本不变	在确认电磁铁完好的情况下拆开阀体，清洗阀芯
阀芯磨损	在控制电流不改变条件下液压参数不稳定（压力波动大等）或内泄漏增大或元件温度和噪声异常	研磨修复阀芯外形或更换阀芯
线圈损坏	常温下测量线圈电阻，阻值无穷大或与实际阻值差距超过 5%	更换电磁铁
内置放大器受潮或腐蚀	零点漂移远且无规律性或输入输出线性度改变，元件工作性能不稳定	改善工作环境，清洗干燥内置放大器，并对元件电气仓密封进行加强

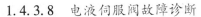

1.4.3.8　电液伺服阀故障诊断

电液伺服阀是电液伺服系统的关键元素，该元件结构复杂，精度高，对油液清洁度要求十分高，在系统中能进行闭环控制，可用于位置控制、速度控制、加速度控制、力控制、同步控制等场合。电液伺服阀价格高，对其进行有效诊断维修十分重要，诊断维修如表1-8所示。

表1-8　电液伺服阀故障诊断

故　障	诊　断	维　修　处　理
喷嘴挡板和射流管阀阻尼孔或喷嘴堵塞	阀芯处于单边全开口位置，控制信号改变，主阀芯不动作	打开阀体，取出阻尼孔清洗或拆下先导级清洗喷嘴
喷嘴挡板阀反馈杆变形	控制信号为零时阀芯处于单边部分开口位置	更换元件或调节零位控制电流进行零位补偿
喷嘴挡板阀反馈杆折断	控制信号变化时阀芯分别处于两边全开口位置，液压参数与控制信号无比例关系	更换元件
阀内置过滤器污染	阀的响应下降，动作迟缓，线性度下降	拆下内置过滤器清洗或更换
主阀芯磨损	内泄漏增大、阀控系统零位稳定性下降	更换元件
线圈损坏	常温下测量线圈电阻，阻值无穷大或与实际阻值差距超过3%	更换电磁铁
内置放大器受潮或腐蚀	零点漂移远且无规律性或输入输出线性度变差，元件工作性能不稳定	改善工作环境，清洗干燥内置放大器，并对元件电气仓密封进行加强

1.4.4　液压辅件故障诊断

1.4.4.1　压力表液压故障诊断

压力表液压故障及诊断主要包括：

(1) 压力表波登弹簧管破裂。表现为瞬时压力急剧升高，超过表面刻度值，压力很快降至零，以后就无法测压。诊断为常用压力下因压力波动或管内产生急剧的脉冲压力所致，瞬时冲击压力很高，可达常用压力的3~4倍。

维修处理办法有：

1) 在压力表管接头处加一缓冲器。一般采用的节流机构有利用直管节流孔、螺旋槽节流孔、圆管间隙节流、针阀式可变节流等阻尼装置。节流孔过小，有时会被尘埃等杂质堵塞且加工困难，故节流孔径以不大于0.8mm为宜。

2) 装有压力表开关，则应把开关关小些，以产生阻尼。

(2) 压力表指针摆动厉害。故障产生原因同前。除上述处理方法外，若无压力表开关，则可在压力表接头的小孔中攻丝拧进长4~5mm的M3或M4螺杆，利用螺纹间隙产生阻尼。这样处理后，如压力表指针不动或不灵敏，可拆下小螺杆，在其圆柱面上锉平一些，以增大间隙。

(3) 压力表读数不准确。其产生原因、诊断及处理方法有：

1) 压力超过了波登管的弹性极限时，因波登管伸长而引起读数不准，处理方法同前。

2) 当齿条和小齿轮不良时读数不准。应及时修理齿条和小齿轮。如齿条和小齿轮在常压下长时间的压力波动，致使齿面产生磨损，从而导致读数不准，应予以更换。

3）由于长时间的机械振动，使表芯的扇形齿轮和小齿轮的齿面磨损，以及游丝缠绕等原因，造成读数不准，应更换已损零件，及时修理。另外，为了防振，可加防振橡胶，将压力表和振动源隔开。

（4）压力表指针脱落。主要是由于长时间机械振动而使指针或齿轮的锥面配合松动。应及时修理或更换已损零件。为了消除振动，也可加防振橡胶。

（5）压力表指针不能回零。其产生原因、诊断及处理方法有：

1）波登弹簧管疲劳，不能恢复到原位而有所伸长，故指针不能回零。除更换弹簧管外，还可回转表盘对零，但精度不高。

2）指针和齿轮等有位移或间隙过大。应及时修理，更换已损零件。

（6）压力表指针超过最大刻度值（冲针过零位）。这主要是压力太高，超过压力表指针刻度值所致。应及时清除压力波动或脉冲压力。

总之，压力表的液压故障，主要由两种原因引起的：一是压力波动和急剧变化而产生脉动压力所致，约占损坏原因的 70%；二是压力表机械振动所致，约占损坏原因的 30%。

1.4.4.2　压力表开关液压故障诊断

压力表开关液压故障及诊断主要包括：

（1）测压不准确。压力表开关中一般设有阻尼孔，由于油液中污物卡住，将阻尼调节过大时，会引起压力表指针摆动缓慢或迟钝，测出的压力值也不准确。处理办法一是注意油液的清洁；二是将阻尼孔的大小调节适当。

（2）内泄漏增大，测压不准确，或各测点压力互串。产生的原因是阀芯和阀孔的配合损伤或磨损过大。处理办法一是研磨修复，二是更换无法修复的已损零件。

1.4.4.3　过滤器液压故障诊断

过滤器液压故障及诊断主要包括：

（1）污垢。滤芯捕捉的污垢来源于油液中的颗粒。如有金属屑的存在，可诊断为液压泵和液压马达磨损故障，若有过量的灰尘，则可诊断为管接头松动或密封失效故障。

（2）滤纸状态。滤纸状态是判断滤芯温度和通流情况的依据。大多数纸式滤芯可承受167℃的温度，温度过高，会烤焦滤纸或使浸渍树脂过热，以致使纸式滤芯变脆。流量过大，则把纸褶永久性地压在一起，使滤芯的通过能力严重下降，下降高达 80%。

（3）滤芯变形。油液压力随滤芯的堵塞而增大，可使滤芯变形以致损坏。金属网式（特别是单层金属网式）、板式及金属粉末烧结式过滤器的滤芯更易发生变形。当工作压力超过 10MPa 时，即使滤芯具有足够刚度的骨架支撑，也会发生凹陷、弯曲、变形或击穿。故应使油液从滤芯的侧面或从切线方向进入，避免从正面直接冲击滤芯。

（4）过滤器脱焊。即网式过滤器在高压下使金属网和铜骨架脱离。通常使用低焊点（183℃以下）的锡铅焊料，对于在高温、高压下工作的过滤器，由于高压冲击故易于脱焊。解决办法是采用熔点高达 300℃以上的银焊料或熔点为 235℃的银镉焊料，效果很好。

（5）滤芯脱粒。即烧结式过滤器滤芯颗粒在高压、高温，液压冲击及系统振动下，发生脱粒（青铜粉微粒）。解决方法是对金属粉末烧结式过滤器，在使用前应对滤芯进行强度试验，试验项目为在 10g 的振动条件下，不允许掉粒；在 21MPa 压力下工作 1 小时，应无金属粉末脱粒；用手摇泵做冲击载荷试验，加压速率为 10MPa/s 时，应无破坏现象。

（6）过滤器堵塞。表现为油液不通畅，阻力增大，流量减小，严重时几乎堵死。特别是液压泵吸油口的过滤器堵塞，会引起噪声和气蚀现象。对于金属网式过滤器，主要是纤维性污物缠绕，一般为金属碎屑及密封材料碎屑等。

维修处理办法为及时清理，并更换已损的滤。每隔1～2周取出滤芯进行清理和检查，以诊断污染的来源。

1.4.4.4 蓄能器液压故障诊断

蓄能器按其构造可分为重锤式、弹簧式、油气直接接触式、隔膜式、活塞式、气囊式等几种，但后两种应用较广。其故障诊断如表1-9所示。

表1-9　蓄能器液压故障诊断

故　障	诊　断	维修处理
蓄能器供油不均	活塞或气囊运动阻力不均	检查活塞密封圈或气囊运动是否受阻碍，及时排除
充气压力充不起来	1. 氮气瓶内无氮气或气压不足； 2. 气阀泄气； 3. 气囊或蓄能器盖向外泄气	1. 应更换氮气瓶； 2. 修理或更换已损零件； 3. 固紧密封或更换已损零件
蓄能器供油压力太低	1. 充气压力不足； 2. 蓄能器漏气，使充气压力不足	1. 及时充气，达到规定充气压力； 2. 固紧密封或更换已损零件
蓄能器供油量不足	1. 充气压力不足； 2. 系统工作压力范围小且压力过高； 3. 蓄能器容量选择偏小	1. 及时充气，达到规定充气压力； 2. 系统调整； 3. 重选蓄能器容量
蓄能器不供油	1. 充气压力太低； 2. 蓄能器内部泄油； 3. 液压系统工作压力范围小，压力过高	1. 及时充气，达到规定充气压力； 2. 检查活塞密封圈及气囊泄油原因，及时修理或更换； 3. 进行系统调整
系统工作不稳	1. 充气压力不足； 2. 蓄能器漏气； 3. 活塞或气囊运动阻力不均	1. 及时充气，达到规定充气压力； 2. 固紧密封或更换已损零件； 3. 检查受阻原因，及时排除

1.4.4.5 油冷却器液压故障诊断

油冷却器有水冷式和风冷式两种。其故障诊断如表1-10所示。

表1-10　油冷却器液压故障诊断

故　障	诊　断	维修处理
油中进水	水冷式油冷却器的水管破裂漏水	及时检查进行焊补
冷却效果差	1. 水管堵塞或散热片上有污物黏附，冷却效果降低； 2. 冷却水量或风量不足； 3. 冷却水温过高	1. 及时清理，恢复冷却能力； 2. 调大水量或风量； 3. 检测温度，设置降温装置

1.4.4.6 非金属密封件液压故障诊断

非金属密封件采用的材料，一般为耐油丁晴橡胶、夹织物耐油橡胶、聚氨酯橡胶等模压而成。还可用聚四氟乙烯和尼龙加工制成。其故障诊断如表1-11所示。

表 1-11 非金属密封件液压故障诊断

故　障	诊　断	维　修　处　理
挤出间隙	1. 压力过高； 2. 间隙过大； 3. 沟槽等尺寸不合适； 4. 放入状态不良	1. 调低压力，调置支撑环或挡圈； 2. 检修或更换； 3. 检修或更换； 4. 重新安装或检修更换
老化开裂	1. 温度过高； 2. 存放和使用时间太长，自然老化变质； 3. 低温硬化	1. 检查油温，严重摩擦过热（润滑不良或配合太紧），及时检修或更换； 2. 更换（存放时间太长，自然老化，注意检查）； 3. 调整油温，及时更换
扭　曲	横向（侧向）负载作用所致	采用挡圈加以消除
表面磨损与损伤	1. 密封配合表面运动摩擦损伤； 2. 装配时切破损伤； 3. 润滑不良造成磨损	1. 检查油液杂质、配合表面加工质量和密封圈质量，及时检修或更换； 2. 检修或更换； 3. 查明原因，加强润滑
膨胀（发泡）	1. 与液压油不相容； 2. 被溶剂溶解； 3. 液压油劣化	1. 更换液压油或密封圈； 2. 严防与溶剂（如汽油、煤油等）接触； 3. 更换液压油
损坏、黏着、变形	1. 压力过高、负载过大、工作条件不良； 2. 密封件质量太差； 3. 润滑不良； 4. 安装不良	1. 增设支撑环或挡圈； 2. 检查密封件质量； 3. 加强润滑； 4. 重新安装或检修更换
收　缩	1. 与油液不相容； 2. 时效硬化或闭置干燥收缩	1. 更换液压油或密封圈； 2. 更换

2 液压元件性能检测的理论基础与仪器

2.1 液压元件性能检测的原则

液压元件性能是保证液压系统工作性能的基础，性能参数必须通过试验台、仪器仪表与传感器等设备和计算机及其测试软件等进行，以获取准确、全面的参数。其原则是：

（1）试验台组成、液压系统及元件、仪器仪表必须符合国家标准，或省部级标准。

（2）液压元件性能测试方法必须符合国家标准，或省部级标准。

（3）液压元件性能指标应按国家标准执行，特殊情况可与用户协商确定。

（4）液压系统工作介质牌号和黏度应按国家标准执行，特殊工况可与用户协商确定。

（5）对贵重、精密的液压元件，出厂时或维修后，每台均作性能检测；对批量生产、一般通用的液压元件，可视检测力量和生产技术成熟程度进行抽检，抽检量为 5% ~ 20%。

2.2 测试理论基础知识

2.2.1 液压元件性能测试系统

测试系统是对被测物理量进行加工，对加工后的信号进行分析计算，得出被测元件评价指标数值的系统。液压元件性能测试系统主要包括：液压系统、激励信号生成仪器、传感部分、信号调理部分、信号采集部分、结果分析与显示部分。

2.2.2 测试结果与测试系统关系描述

液压元件性能测试结果受测试系统影响，比如液压缸带载频响特性测试结果受油源大小、流量调节阀及放大器性能、加载机架固有频率影响，伺服阀频响特性和动态缸性能，两者都受信号传输过程中干扰信号影响。因此，为了准确描述被测的物理量，对测试系统的选择和传递特性分析十分重要。

测试系统与输入、输出之间的关系如图 2-1 所示，其中 $x(t)$、$y(t)$ 表示被测物理量输入和输出值，$h(t)$ 表示测试系统的传递特性。

图 2-1 测试系统简图

2.2.3 测试系统静态特性

测试系统静态特性是指当被测物理量是恒定的或慢速变化时，测试系统具有的特性，一般包括重复性、漂移、误差、精确度、灵敏度、分辨率、线性度、迟滞、零点稳定性，具体为：

（1）重复性。在相同测量条件下（重复性条件，即相同的测量程序、相同的观测者、在相同的条件下使用相同的测量仪器、相同地点、在短时间内重复测量），对同一被测量进行连续多次测量所得结果之间的一致性。

（2）漂移。漂移是指测试系统无输入时，输出量发生的变化。

（3）误差。误差是指测得值与参考值的差值，按产生原因分为系统误差、随机误差、过失误差或非法误差；按测量类型分为静态误差和动态误差；按表示方法，分为绝对误差和相对误差。

（4）精确度。精确度是指指示值与真实值的符合程度。

（5）灵敏度。灵敏度是指单位被测量引起的仪器输出值的变化，灵敏度也称为增益或标度因子。

（6）分辨率。分辨率是输出值发生变化时输入值的最小变化值。

（7）线性度。线性度指测试系统输出值与输入值的线性关系。一般以测得曲线与拟合直线（采用端点法或最小二乘法拟合）间的最大偏差与满量程输出的百分比表示。

（8）迟滞。迟滞是指产生相同输出的往、返输入值的差值。

（9）零点稳定性。零点稳定性是指排除其他变化因素（如温度、压力、湿度、振动等）影响后，输入值回到零点时，输出值回到零点的能力。

2.2.4　测试系统动态特性

2.2.4.1　测试系统特性的分析法

液压元件性能测试系统在工作误差允许范围内可被视为线性系统，系统输入与输出的传递特性采用微分方程描述，一般形式为：

$$a_n \frac{\mathrm{d}^n y(t)}{\mathrm{d}t^n} + a_{n-1} \frac{\mathrm{d}^{n-1} y(t)}{\mathrm{d}t^{n-1}} + \cdots + a_0 y(t) = b_m \frac{\mathrm{d}^m x(t)}{\mathrm{d}t^m} + b_{m-1} \frac{\mathrm{d}^{m-1} x(t)}{\mathrm{d}t^{m-1}} + \cdots + b_0 x(t) \quad (n \geq m)$$

常微分方程难以计算，采用拉氏变换将其转化成代数方程。拉氏变换将时间域的原函数转换为复变量域的象函数，其中 $S = a + b\mathrm{j}$。在零初始条件下，转换结果为：

$$a_n S^n Y(s) + a_{n-1} S^{n-1} Y(s) + \cdots + a_0 Y(s) = b_m S^m X(s) + b_{m-1} S^{m-1} X(s) + \cdots + b_0 X(s)$$

系统输出和输入的拉氏变换之比为该系统的传递函数 $G(s)$，框图如图 2-2 所示。

$$G(s) = \frac{L[y(t)]}{L[x(t)]} = \frac{Y(s)}{X(s)} = \frac{b_m S^m + b_{m-1} S^{m-1} + \cdots + b_1 S + b_0}{a_n S^n + a_{n-1} S^{n-1} + \cdots + a_1 S + a_0} \quad (n \geq m)$$

式中，系数 b_m，b_{m-1}，$\cdots$，b_1，b_0；a_n，a_{n-1}，$\cdots$，a_1，a_0，m，n 是由测试系统本身与外界无关的固有特性唯一确定的，因此传递函数可以用来描述测试系统的特性。若输入已经给定，则测试系统的输出完全取决于传递函数。

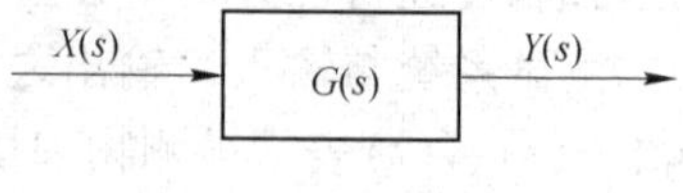

图 2-2　测试系统传递函数框图

由上式则有

$$Y(s) = G(s)X(s) = G(s)L[x(t)]$$

对 $Y(s)$ 求拉氏逆变换得出输出信号 $y(t)$

$$y(t) = L^{-1}[Y(s)] = L^{-1}[G(s)X(s)]$$

2.2.4.2　测试系统时间响应特性

测试系统的时间响应是指系统的输出在时域的表现形式，是测试系统微分方程在一定初始条件下的解，完全反映了系统本身的固有特性与系统在输入作用下的动态历程。

测试系统时间响应特性分析采用典型输入信号对系统性能进行分析，然后根据测试系统对典型输入信号和任意输入信号的时间响应关系式，求出对任意输入信号的响应。

$$\frac{Y_2(s)}{X_2(s)} = G(s) = \frac{Y_1(s)}{X_1(s)}$$

（1）一阶系统的单位脉冲响应。一阶系统的微分方程和传递函数为：

$$T\frac{dy(t)}{dt} + y(t) = x(t) \quad G(s) = \frac{Y(s)}{X(s)} = \frac{1}{Ts+1}$$

式中，T 为一正阶系统的特征参数，由系统本身决定。

单位脉冲信号 $\delta(t)$（脉冲宽度 $h \leqslant 0.1T$）的拉氏变换 $X(s) = L[\delta(t)] = 1$，则输出为：

$$w(t) = L^{-1}[G(s)X(s)] = L^{-1}\left[\frac{1}{Ts+1}\right] = \frac{1}{T}e^{\frac{-t}{T}} \quad (t \geqslant 0)$$

图 2-3 为一阶系统的单位脉冲响应曲线，为单调下降的指数曲线，$4T$ 为过渡时间（指数曲线衰减到初值的 2% 之前的时间段），过渡时间越短，测试系统惯性越小，对输入信号的响应越快。

（2）一阶系统的单位阶跃响应。单位阶跃信号 $u(t)$ 的拉氏变换 $X(s) = L[u(t)] = \frac{1}{s}$，则输出为：

$$w(t) = L^{-1}[G(s)X(s)] = L^{-1}\left[\frac{1}{s}\cdot\frac{1}{Ts+1}\right] = 1 - e^{\frac{-t}{T}}$$
$$(t \geqslant 0)$$

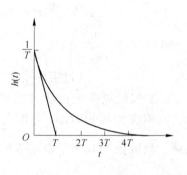

图 2-3　一阶系统的单位脉冲响应曲线

图 2-4 为一阶系统的阶跃响应曲线，为单调上升指数曲线。当 $t = 0$，曲线切线斜率（表示系统的响应速度）为 $\frac{1}{T}$；当 $t = T$ 时，响应输出为稳定值的 63.2%；当 $t \geqslant 4T$ 时，响应输出达到稳定值的 98% 以上（在一阶系统动态特性参数实验标定中，一般用响应输出为稳定值的 63.2% 的时间标定时间常数 T，也可用 Bode 图的转角频率的倒数标定）。

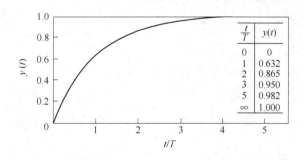

图 2-4　一阶系统的阶跃响应曲线

（3）二阶系统的单位脉冲响应。二阶系统的微分方程和传递函数为：

$$\frac{\mathrm{d}^2 y(t)}{\mathrm{d}t^2} + 2\xi\omega_n \frac{\mathrm{d}y(t)}{\mathrm{d}t} + \omega_n^2 y(t) = \omega_n^2 x(t)$$

$$G(s) = \frac{Y(s)}{X(s)} = \frac{\omega_n^2}{s^2 + 2\xi\omega_n s + \omega_n^2}$$

式中，ω_n 为无阻尼固有频率，ξ 为阻尼比。ω_n 和 ξ 由系统本身决定。

二阶系统的单位脉冲响应：

$$\omega(t) = L^{-1}[G(s)X(s)] = L^{-1}\left[\frac{\omega_n^2}{s^2 + 2\xi\omega_n s + \omega_n^2}\right] = L^{-1}\left[\frac{\omega_n^2}{(s + \xi\omega_n)^2 + \omega_d^2}\right]$$

式中，$\omega_d = \omega_n\sqrt{1 - \xi^2}$，为二阶系统的有阻尼固有频率。

可得当 $t \geq 0$ 时，二阶系统的脉冲响应函数为：

$$\omega(t) = \frac{\omega_n}{\sqrt{1 - \xi^2}}\, e^{-\xi\omega_n t \sin\omega_d t} \quad （欠阻尼系统,0 < \xi < 1）$$

$$\omega(t) = \omega_n \sin\omega_n t \quad （无阻尼系统,\xi = 0）$$

$$\omega(t) = \omega_n^2 t e^{-\omega_n t} \quad （临界阻尼系统,\xi = 1）$$

$$\omega(t) = \frac{\omega_n}{2\sqrt{\xi^2 - 1}}\left[e^{-(\xi - \sqrt{\xi^2 - 1})\omega_n t} - e^{-(\xi + \sqrt{\xi^2 - 1})\omega_n t}\right]$$

$$（过阻尼系统,\xi > 1）$$

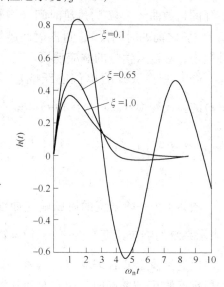

二阶欠阻尼系统的脉冲响应曲线如图 2-5 所示，其响应曲线为以 ω_d 为振荡频率的减幅正弦振荡，衰减快慢取决于 $\xi\omega_n\left(\delta = \dfrac{1}{\xi\omega_n}\right.$ 为时间衰减常数）。

（4）二阶系统的单位阶跃响应。二阶系统的单位阶跃响应函数为：

$$\omega(t) = L^{-1}[G(s)X(s)]$$

$$= L^{-1}\left[\frac{\omega_n^2}{s^2 + 2\xi\omega_n s + \omega_n^2} \cdot \frac{1}{s}\right]$$

图 2-5　二阶欠阻尼系统的脉冲响应曲线

可得当 $t \geq 0$ 时，二阶系统的阶跃响应函数为：

$$\omega(t) = 1 - e^{-\xi\omega_n t} \cdot \frac{1}{\sqrt{1 - \xi^2}}\sin\left(t\omega_n\sqrt{1 - \xi^2} + \arctan\frac{\sqrt{1 - \xi^2}}{\xi}\right)$$

$$（欠阻尼系统,0 < \xi < 1）$$

$$\omega(t) = 1 - \cos\omega_n t \quad （无阻尼系统,\xi = 0）$$

$$\omega(t) = 1 - (1 + \omega_n t)e^{-\omega_n t} \quad （临界阻尼系统,\xi = 1）$$

$$\omega(t) = 1 + \frac{\omega_n}{2\sqrt{\xi^2 - 1}}\left[\frac{e^{s_1 t}}{(\xi + \sqrt{\xi^2 - 1})\omega_n} - \frac{e^{s_2 t}}{(\xi - \sqrt{\xi^2 - 1})\omega_n}\right] \quad （过阻尼系统,\xi > 1）$$

二阶系统的单位阶跃响应如图 2-6 所示。一般希望二阶测试系统阻尼比 $\xi = 0.6 \sim 0.8$，该状态的系统振荡特性适度，过渡过程持续时间短。

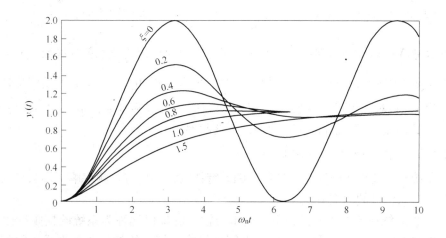

图 2-6　二阶系统的单位阶跃响应曲线

（5）二阶系统的性能指标。一般情况二阶系统的性能指标是针对欠阻尼二阶系统的单位阶跃响应的过渡过程而言，主要指标为上升时间 t_r、峰值时间 t_p、最大超调量 M_p、调整时间 t_s，振荡次数 N，如图 2-7 所示。

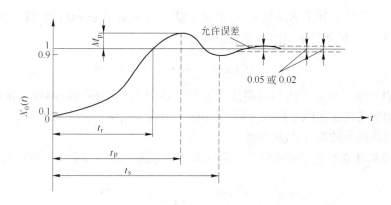

图 2-7　二阶系统阶跃响应性能指标

上升时间 t_r 为第一次达到输出稳态值所需要的时间。对过阻尼系统，一般将响应曲线从稳态值的 10% 上升到 90% 所需的时间为上升时间，$t_r \approx \dfrac{\pi - \arctan \dfrac{\sqrt{1 - \xi^2}}{\xi}}{\omega_d}$。

峰值时间 t_p 为输出达到第一个峰值所需的时间，$t_p = \dfrac{\pi}{\omega_d}$。

最大超调量 M_p 为输出最大峰值和稳定值的差与稳定值之比的百分数表示。最大超调量与无阻尼固有频率无关，仅与阻尼比相关，$M_p = e^{\frac{-\xi\pi}{\sqrt{1 - \xi^2}}} \times 100\%$。

调整时间 t_s 为当输出满足如下关系时所需要的时间。式中，一般取 $\Delta = 0.02 \sim 0.05$。

$$|y(t) - y(\infty)| \leqslant \Delta \cdot y(\infty) \quad (t \geqslant t_s)$$

当 $0 < \xi < 0.7$，$\Delta = 0.02$ 时，$t_s \approx \dfrac{4}{\xi\omega_n}$；当 $0 < \xi < 0.7$，$\Delta = 0.05$ 时，$t_s \approx \dfrac{3}{\xi\omega_n}$。

振荡次数 N 一般为在过渡时间 $0 \leqslant t \leqslant t_s$ 时，响应曲线穿越稳态值的次数，$N = \dfrac{t_s}{2\pi/\omega_d}$。

在对二阶欠阻尼系统动态性能参数标定时，可先测得 M_p 后根据最大超调量计算公式标定阻尼比 ξ；在对无阻尼固有频率 ω_d 进行标定时，可以根据 $\omega_d = \omega_n \sqrt{1 - \xi^2}$ 进行标定，其中 ω_d 为二阶欠阻尼系统性能指标曲线的振荡频率。

2.2.4.3　测试系统频率响应特性

测试系统对谐波输入的稳态响应称为频率特性或频率响应。频率响应函数反映了系统对不同频率输入信号的响应特性。

（1）线性系统在谐波输入作用下，输出与输入的幅值比称为系统的幅频特性 $A(\omega)$，它是输入信号的频率 ω 的函数。稳态输出信号与输入信号的相位差称为系统的相频特性 $\varphi(\omega)$，也是输入信号的频率 ω 的函数。幅频特性和相频特性总称系统的频率特性，记作 $A(\omega) \cdot \angle\varphi(\omega)$ 或 $A(\omega)\mathrm{e}^{j\varphi(\omega)}$。

$$A(\omega) = \frac{|Y(\omega)|}{|X(\omega)|} \quad \varphi(\omega) = \varphi_y(\omega) - \varphi_x(\omega)$$

系统的频率特性是其传递函数 $G(s)$ 中复变量 $s = \sigma + j\omega$ 在 $\sigma = 0$ 的特殊情况，$G(j\omega)$ 即为传递函数为 $G(s)$ 时测试系统的频率响应函数。

$$A(\omega) = |G(j\omega)| \quad \varphi(\omega) = \angle G(j\omega)$$

以 ω 为自变量，$A(\omega)$ 和 $\varphi(\omega)$ 曲线为幅频特性曲线和相频特性曲线。将横坐标 ω 按对数分度，幅频特性曲线纵坐标以分贝数（$1\mathrm{dB} = 20\log|G(j\omega)|$）表示，得到对数幅频特性和相频特性曲线成为波德（Bode）图。

（2）一阶惯性系统频率响应特性。由一阶惯性系统的传递函数得频率响应函数为：

$$G(j\omega) = \frac{1}{jT\omega + 1}$$

则幅频特性 $A(\omega) = \dfrac{\omega_T}{\sqrt{\omega_T^2 + \omega^2}}$，相频特性 $\varphi(\omega) = \angle G(j\omega) = -\arctan\dfrac{\omega}{\omega_T}$，其中 $\omega_T = \dfrac{1}{T}$。

一阶惯性系统 Bode 图如图 2-8 所示。

对数幅频特性曲线高频段的切线与横坐标的交点处的频率为转角频率 ω_T。求一阶系统时间常数 T，可先做出系统的 Bode 图，找到转角频率 ω_T，时间常数 $T = \dfrac{1}{\omega_n}$。

（3）二阶振荡系统频率响应特性。由二阶系统的传递函数得频率响应函数为：

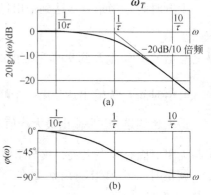

图 2-8　一阶惯性系统 Bode 图

$$G(j\omega) = \frac{\omega_n^2}{-\omega^2 + 2\xi\omega_n j\omega + \omega_n^2}$$

则幅频特性 $A(\omega) = \dfrac{1}{\sqrt{(1-\lambda^2)^2 + 4\xi^2\lambda^2}}$，相频特性 $\varphi(\omega) = \angle G(j\omega) = -\arctan$

$\dfrac{2\xi\lambda}{1-\lambda^2}$，式中 $\lambda = \dfrac{\omega}{\omega_n}$。

二阶振荡系统 Bode 图如图 2-9 所示。

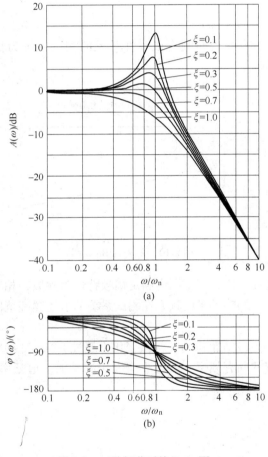

图 2-9 二阶振荡系统 Bode 图

一个 n 阶系统的频率响应函数可视为多个一阶和二阶环节的并联或串联。

2.2.4.4 频率特性的实验方法求取

实际测试中，大多情况不能对测试系统进行精确建模，因此不能直接得到传递函数和频率响应函数，因此只能通过实验测得。

测试时，输入谐波信号 $Xe^{j\omega t}$，频率 ω 在逐渐增大，记录不同频率下的输出 $Y(\omega)$ 和相位 $\varphi(\omega)$，作出不同频率下的幅值比 $Y(\omega)/X$ 对频率 ω 的变化曲线，即为幅频特性曲线，作相位 $\varphi(\omega)$ 对频率 ω 的变化曲线，即为相频特性曲线。

2.2.4.5 测试系统精确测量的条件

测试系统精确测量，就是要输出幅值为输入幅值的 k 倍，输出相位无滞后。即

$$y(t) = kx(t) \quad (k \neq 0)$$

但实际测试系统均存在滞后，实际测试中满足 $y(t) = kx(t - t_0)$ 关系即可，测试系统的频率响应函数为：

$$G(j\omega) = \frac{Y(j\omega)}{X(j\omega)} = ke^{-t_0 j\omega} \quad (k \neq 0)$$

即 $A(\omega) = k$，$\varphi(\omega) = -t_0\omega$。

幅频特性为常数，相频特性与频率成线性关系的测试系统为精确、不失真的测试系统。Bode 图如图 2-10 所示。

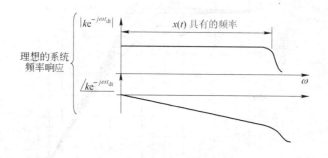

图 2-10　不失真 Bode 图

实际测量系统只能在一定频率范围内满足幅频特性为常数，相频特性与频率成线性关系的条件，因此只需要被测输入量的频率在测试系统的上述频率范围内，即可当做测试系统为不失真测试系统。

二阶测试系统 $\omega/\omega_n < 0.3$ 范围内，幅值变化不超过 10% ；$\xi = 0.6 \sim 0.8$ 时，相位线性好。因此二阶测试系统的固有频率一般至少应大于测试输入值频率的 3 ~ 4 倍，而阻尼比在 $0.6 \sim 0.8$ 范围内。

2.3　传感器及仪器

2.3.1　传感器

在液压系统中，大量采用各类传感器及仪器表，用来测量管路压力、流量、油液温度、位移量和转速等参数，或监测液压系统工作状态。

目前液压系统广泛使用的压力测试元件分为压力传感器和压力继电器。压力传感器，将系统压力转换为模拟量输出；压力继电器，当被测压力值达到设定开关点值，输出开关量信号（部分产品可以设置回程开关滞后时间）。

2.3.1.1 压力传感器

压力传感器根据量程、测量精度、信号种类、安装方式而定。压力传感器的量程，即被测压力值应在仪表的 30% ~ 70% 范围内为宜；测量精度与被测精度之比一般不大于

1∶5；信号种类是指电信号类型，应根据信号接入设备允许输入信号类型及信号传输距离选择；安装方式包括连接方式及接口螺纹大小，根据现场需要选择。

以 HYDAC HDA3000 系列压力传感器为例，如图2-11所示。

量程：该类传感器量程分为 6、16、60、100、250、400、600bar，例如液压系统工作范围在 75 ~ 175bar，应选择量程为 250bar 传感器。

精度：该类传感器精度分为 1%、0.5%、0.3%，作为伺服阀、伺服缸进行性能测试时选用精度 0.3%为宜。

信号种类：该类传感器分为 2 线制（4 ~ 20mA）、3线制（0 ~ 10V）、3 线制（0 ~ 20mA）。电流信号抗外界干扰能力强，且不存在压降，但部分接入模块不能直接

图 2-11　HYDAC HDA3000
系列压力传感器

接入电流信号。电压信号能直接接入目前绝大多数信号采集模块，因此在精度要求不高的场合，3 线制（0 ~ 10V）被广泛使用。

安装方式：该系列传感器采用 G1/4 外螺纹，可以直接安装在阀块或通过测压软管连接。

压力继电器又叫压力开关，当被测压力达到设定要求时，发出开关量信号。其选择与压力传感器选择相同。一般压力继电器，带 1 ~ 4 个开关量输出，部分产品还带有 1 路模拟量输出，切换点与输出延时时间可调整，并带有数显。

2.3.1.2　温度测试元件

液压油温度对系统工作性能影响大，因此几乎所有的高性能液压系统都安装有温度传感器，大多采用铂电阻或热电偶式。温度传感器的选择与压力传感器类似，要特别注意传感器插入油液深度。

量程：常用液压系统合理工作温度在 15 ~ 45℃ 之间，因此温度传感器的量程一般选择0 ~ 90℃ 左右。

精度：温度传感器一般作为系统温度监测，不做测试，精度要求不高。

信号种类：与压力传感器相同。

安装方式：温度传感器必须将测试部分伸入液面以下，垂直安装时一般应为温度传感器插入油箱内，距离油箱底平面 100 ~ 300mm。

2.3.1.3　流量测试元件

流量决定执行元件的运行速度，是满足系统性能的重要因素，也是液压元件重要性能指标，要求精度高。液压系统一般采用齿轮式流量计。液压系统流量计应根据量程、压力等级、精度、输出信号、安装方式选择型号，如图 2-12所示为德国 VSE 齿轮流量计及配套仪表。

根据被测流量范围选择量程，根据被测流

图 2-12　德国 VSE 齿轮流量计及配套仪表

体压力选择流量计材料，根据信号采集模块接
口选择输出信号。

2.3.1.4 扭矩传感器

扭矩传感器将扭力的变化转换成电信号的
装置，液压马达性能测试中，采用扭矩传感器
检测输出扭矩。扭矩传感器主要有金属电阻应
变片式、电位计式、非接触式等，如图 2-13 所
示为扭矩传感器。

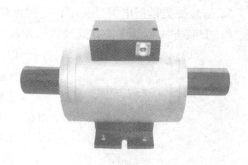

图 2-13　扭矩传感器

扭矩传感器选型主要参考扭矩类型、量程
及信号类型。比如对轴向柱塞定量马达 A2FM7101000，最大扭矩为 3955N·m，应选择
动态扭矩传感器，量程可选 5000N·m。信号类型根据信号采集处理器件进行选择，一
般可选脉冲信号，4 ~ 20mA 电流，1 ~ 5V 或 0 ~ 5V 电压信号。精度可选 ±0.1% ~
±0.5% F.S。

2.3.1.5 位移传感器

伺服液压缸测试时，使用位移传感器测量活塞位移。位移传感器分为直线位移传感器
（直线电位器和直线可变差动变压器 LVDT）、磁致伸缩传感器、磁阻磁尺、磁通门位移传
感器等。

位移传感器选型时，应考虑量程、安装方式、分辨率、动态响应等。比如对伺服液压
缸频率响应测试，活塞在 1mm 处以 0.1 ~ 0.2mm 为振幅正弦振动，振动频率为 0 ~ 25Hz，
供电电源为 15VDC 供电，信号采集采用多功能采集卡，采集信号为电压模拟量，范围为
-10 ~ 10V。根据传感器产品样本选择量程为 ±1.25mm，传感器响应频率为 500Hz（至少
为测试量频率的 10 倍），供电电源为 15VDC，±10VDC 输出的位移传感器。

2.3.1.6 加速度传感器

加速度传感器用于测量振动量值，如图 2-14 所示。常用的加速度传感器可分为压电
式、压阻式、电容式、电感式及光电式。

压电式传感器由于动态范围大、频率范围宽、抗干扰和使用寿命长，但不能测量零频
信号。压阻式传感器测量量程大、频率范围宽，可测零频信号，体积小，但测试结果受温
度影响大。电容式传感器灵敏度高，零频响应好，环境影响小，但输入与输出为非线性，
受电缆电容影响大，后继电路复杂，成本高，多用于测试低频信号，如图 2-15 所示。

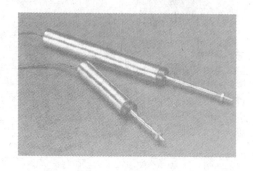

图 2-14　加速度传感器

图 2-15　电容式加速度传感器

加速度传感器的选择应参考量程、灵敏度、测量频率范围、安装方式、工作环境等。比如伺服液压缸动态测试，振幅为 0.1~0.2mm，频率 0~25Hz，则振动加速度范围为 0~5.0m/s²(0.5g)，根据样本选择电容式加速度传感器，量程为 2g，频率范围为 400Hz，灵敏度为 2000mV/g，工作温度 −20~80℃，供电电压 8~16VDC。

图 2-16　力传感器

2.3.1.7　力传感器

液压缸活塞杆作用力测试，采用拉压式力传感器。力传感器选择比较简单，如图 2-16 所示，主要考虑安装方式、量程、精度及输出。以下为某力传感器的参数：量程范围为 0~50T；电源电压为 10VDC；使用温度为 0~60℃；输出信号为 0~10mA、4~20mA 或 0~5V。

2.3.1.8　速度传感器

速度传感器用来测试液压缸活塞的直线运行速度，马达的转速。

普通液压缸活塞的一般速度在 0.4m/s 以下，高速液压缸最大速度一般小于 4m/s，传感器的量程应根据活塞的速度范围进行选择。

2.3.2　仪器

2.3.2.1　示波器

示波器（oscilloscope），是显示被测量的瞬时值轨迹变化情况的电子仪器，将时变的电压信号转换成时间域上的曲线，在二维平面上直观显示。示波器分为模拟式和数字式。模拟示波器是直接测量信号电压，并通过从左到右穿过示波器屏幕的电子束在垂直方向描绘电压。数字示波器通过模拟转换器（ADC）将被测电压数字离散化并存入存储器，经处理后，在屏幕上显示。

2.3.2.2　信号发生器

信号发生器是指产生所需参数的电测试信号的仪器，又叫信号源或振荡器，主要用于调试、测量电子电路、电子设备的参数。按信号类型可分为正弦信号、函数（波形）信号、脉冲信号和随机信号发生器，函数信号发生器可产生正弦波、三角波、锯齿波（含方波）。新型任意波形/函数发生器可以输出存储在内部存储器或 USB 存储器中的任意波形。

在液压元件性能测试中，还会用到其他一些仪器，用户可根据试验台测试需要适当选用。

2.4　测试软件

操作人员通过在测试软件上进行操作，进行测试项目选择、参数设置、测试过程控制。同时软件具有信号数字滤波、数据采集、数据存盘、处理分析、曲线显示、曲线绘图输出、试验报告生成等功能。

液压元件测试软件可采取多种语言进行开发，目前使用较多的为 VC++、Labview 等。如图 2-17 所示为采用 VC++ 对伺服液压缸动态频响的测试软件流程图。

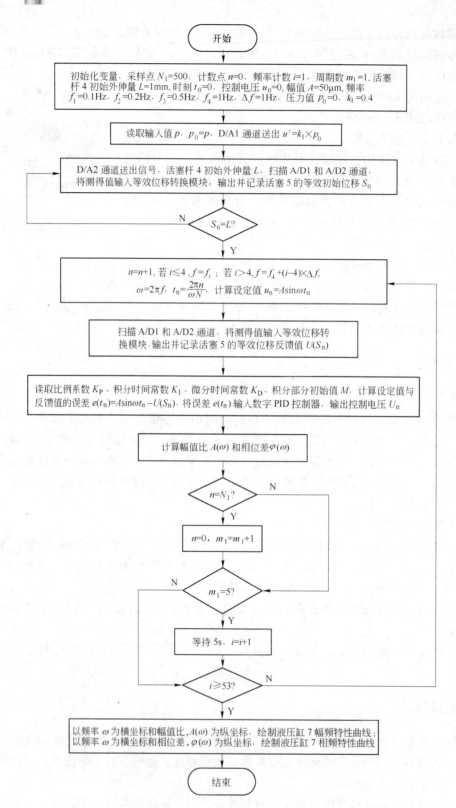

图 2-17　伺服液压缸动态频响的测试软件流程图

2.5 数据采集系统

　　液压元件测试系统各状态值的获得（如实时压力、流量），主要是通过基于计算机的数据采集系统，该系统包括传感器、信号调理元件、数据采集卡、计算机及其他附属元件。传感器感应物理状态并转换为电信号，信号调理元件对输入电信号进行放大、滤波、隔离等处理，数据采集卡将调理后的信号进行模数转换，并通过媒介传输给计算机，实验人员利用自主开发或购买的软件对输入值进行运算、显示。本节主要介绍信号调理和数据采集卡的功能及主要参数。

2.5.1 信号调理

　　信号调理就是将待测信号通过放大、滤波等操作转换成采集设备能够识别的信号，调理过程包括放大、滤波、隔离、激励等功能的一种或几种。

　　（1）放大功能。将信号的放大或缩小功能统称为信号调理器件的方法功能。当电信号值范围与数据采集卡输入范围相差较大时，将原信号放大或缩小，使调理后的信号范围接近数据采集卡的最大输入范围，以满足数据采集卡输入要求或提高测试精度。

　　（2）隔离功能。隔离功能是传感器信号与采集卡和计算机隔离，防止瞬态高压损坏采集卡和计算机，同时还可以防止测得值受接地电势差或共模电压影响。

　　（3）滤波功能。传感器输出信号中存在各种噪声干扰信号，影响精确测试，可以通过滤波功能滤除干扰信号。

　　（4）激励功能。激励功能是为了满足某些传感器的工作需要，如 RTD 需要外部供电流源将电阻值的变化量转换为可测电压值。

　　测试系统采用何种或几种信号处理功能，需根据测试信号的特点与采集卡的测试范围等特性进行选择。在液压元件性能测试中，为了提高测试精度，信号调理十分重要。

2.5.2 数据采集卡

　　因计算机本身只能接收数字信号，因此模拟信号需要经过数据采集卡的模数转换功能，将模拟信号转换为计算机可接收的数字信号。数据采集卡的参数包括通道数目、采样速率、分辨率、输入范围、输入信号类型等。

　　通道数目是指采集卡能接入的被测信号个数。例如 PCI-1742U 的模拟量测试通道为 16 路单端模拟量输入（或 8 路差分信号）、2 路模拟量输出。

　　采样速率是指每秒钟进行模数转换的次数，单位为 KHS/s、MS/s 等。根据奈奎斯特采样定理，采样速率必须为信号最高频率的两倍。采集卡选择时应注意标注采样速率为所有通道总采样速率还是同步采样速率，如为总速率，则各通道速率为总速率除以所用通道数。

　　分辨率是模/数转换的数字位数，单位为 bit。例如在增益为 1 的条件下，分辨率为 3bit，则将 0 ~ 10V 的信号分为 23 个区间，当信号变化量大于 10/8V 时，采集卡转换值发生变化。因此，分辨率越高，测试越精确。

　　增益是输入信号在被处理前被放大或缩小的倍数，常用数值表示，如 1，2，5。

　　编码宽度为采集卡能探测到的最小电压变化，由增益、分辨率和量程决定。例如分辨率为 12bit，量程为 $0 \sim 10V$，增益为 100，则编码宽度为 $10/(2^{12} \times 100)V$，即 $24.4\mu V$。

数据采集卡的选择应考虑实际需要和成本。

2.6　PLC 简介

2.6.1　可编程序控制器简介

2.6.1.1　可编程序控制器的定义

可编程序逻辑控制器（Programmable Logic Controller），简称 PLC。可编程控制器的定义随着技术的发展经过多次变动。国际电工委员会（IEC）在可编程控制器标准草案中将其定义为："可编程控制器是一种数字运算操作的电子系统，专为在工业环境下应用而设计。它采用可编程序的存储器，用来在其内部存储执行逻辑运算、顺序控制、定时、计数和算术运算等操作的指令，并通过数字式、模拟式的输入和输出，控制各种类型的机械或生产过程。可编程控制器及其有关设备，都应按易于与工业控制器系统连成一个整体、易于扩充其功能的原则设计。"

从上述定义可以看出，可编程控制器是"专为在工业环境下应用而设计"的数字运算操作的电子系统，这也是其区别于微机的一个重要特征。

2.6.1.2　可编程序控制器的分类

可编程序控制器的分类有多种，通常以下三种分类方式最为普遍。

（1）按照点数、功能不同分类。根据输入/输出点数、存储器容量和功能分为小型、中型和大型三类。

小型 PLC 又称为低档 PLC。其输入输出点数小于 256 点，用户程序存储器容量小于 2K 字节，具有逻辑运算、定时、计数、移位等功能，可以用来进行条件控制、定时计数控制，通常用来代替继电器、接触器控制，在单机或小规模生产过程中使用。

中型 PLC 的 I/O 点数一般在 $256 \sim 2048$ 点之间，用户存储器容量为 $2 \sim 8K$ 字节，兼有开关量和模拟量的控制功能。除了具备小型 PLC 的功能外，还具有数字计算、过程参数调节，如比例（P）、积分（I）、微分（D）调节、模拟定标、查表等功能，同时辅助继电器数量增多，定时计数范围扩大，适用于较为复杂的开关量控制如大型注塑机控制、配料及称重等小型连续生产过程控制等场合。

大型 PLC 又称为高档 PLC，I/O 点数超过 2048 点，最多可达 8192 点，进行扩展后还能增加，用户存储容量在 8K 字节以上，称为超大型 PLC。具有逻辑运算、数字运算、模拟调节、联网通信、监视、记录、打印、中断控制、智能控制及远程控制等功能，用于大规模过程控制（如钢铁厂、电站）、分布式控制系统和工厂自动化网络。

（2）按照结构形状分类。根据 PLC 各组件的组合结构，可将 PLC 分为整体式和机架模块式两种。

整体式 PLC 又称单元式或箱体式。整体式 PLC 是将电源、CPU、I/O 部件都集中装在一个机箱内。一般小型 PLC 采用这种结构。

模块式 PLC 将 PLC 各部分分成若干个单独的模块，如 CPU 模块、I/O 模块、电源模块和各种功能模块。

（3）按照使用情况分类。从使用情况又可将 PLC 分为通用型和专用型两类。通用型

PLC 可供各工业控制系统选用，通过不同的配置和应用软件的编制可满足不同的需要，是用作标准工业控制装置的 PLC。专用型 PLC 是为某类控制系统专门设计的 PLC，如数控机床专用型 PLC 就有美国 AB 公司，德国西门子公司的专用型 PLC 等。

2.6.1.3 可编程序控制器的特点

现代工业生产是复杂多样的，对控制的要求也各不相同。可编程控制器由于具有以下特点而广泛应用于工业控制。

（1）适应工业现场恶劣环境，可靠性高。现代 PLC 采用了集成度很高的微电子器件，大量的开关动作由无触点的半导体电路来完成，其可靠程度是传统的继电接触器系统所无法比拟的。为了保证 PLC 能在恶劣的工业环境下可靠工作，在其设计和制造过程中采取了一系列硬件和软件方面的抗干扰措施来提高其可靠性。

硬件方面采取的主要措施有以下几方面：

1）隔离。PLC 的输入/输出（I/O）接口电路一般都采用光电耦合器来传递信号，这种光电隔离措施使外部电路与 PLC 内部之间完全避免了电的联系，有效地抑制了外部干扰源对 PLC 的影响。

2）滤波。在 PLC 电源电路和输入/输出（I/O）电路中设置多种滤波电路，可有效抑制高频干扰信号。

3）在 PLC 内部对 CPU 供电电源采取屏蔽、稳压、保护等措施，防止干扰信号通过供电电源进入 PLC 内部，另外各个输入/输出（I/O）接口电路的电源彼此独立，以避免电源之间的互相干扰。

4）内部设置联锁、环境检测与诊断等电路，一旦发生故障，立即报警。

5）外部采用密封、防尘、抗振的外壳封装结构，以适应恶劣的工作环境。

软件方面采取的主要措施有以下几方面：

1）设置故障检测与诊断程序，每次扫描都对系统状态、用户程序、工作环境和故障进行检测与诊断，发现出错后，立即自动作出相应的处理，如报警、保护数据和封锁输出等。

2）对用户程序及动态数据进行电池后备，以保障停电后有关状态及信息不会因此而丢失。

采用以上抗干扰措施后，一般 PLC 的抗电平干扰强度可达峰值 1000V，脉宽为 $10\mu s$，其平均无故障时间高达 30~50 万小时。

（2）编程简单易学。PLC 的编程语言有梯形图、语句表、流程图等。其中梯形图语言是采用与继电器控制线路图非常接近的编程语言，既有继电器电路清晰直观的特点，又充分考虑到电气工人和技术人员的读图习惯。对使用者来说，几乎不需要专门的计算机知识，因此易学易懂，程序改变时也容易修改。

（3）功能完善，扩展灵活。不同品牌的 PLC 产品已经标准化，系列化和模块化，具有各种各样的 I/O 模块，A/D、D/A 以及各类扩展功能模块。不仅能够完成逻辑运算、计时、计数等基本控制功能，还能完成数据采集、模拟信号输出、算数运算以及通信联网和过程监控等功能。能够根据需要配置成不同规模的分散式分布系统，既可以现场控制也可以远程控制。

（4）调试方便。PLC 的接线方便，只需将输入控制信号（如按钮、开关等）与 PLC 的输入端子连接，将被控设备（如接触器、电磁阀等）与 PLC 的输出端子连接，仅用螺丝刀即可完成全部接线工作。

PLC 的用户程序可在实验室模拟调试，输入信号用开关来模拟，输出信号可以观察 PLC 的输出端子的状态指示灯变化。调试后再将 PLC 在现场安装调试。

PLC 的故障率很低，并且有完善的自诊断功能和运行故障指示装置。一旦发生故障，可以通过 PLC 机上各种功能指示灯的亮灭状态查明原因，也可以调用 PLC 内部故障代码，直观的发现并排除故障。

2.6.1.4　PLC 的组成

A　PLC 的硬件组成

PLC 采用典型的计算机结构，实质上是一种工业控制用专用计算机，其系统由硬件系统与软件系统构成。PLC 硬件系统由中央处理单元（CPU）、存储器、输入输出接口以及外围设备接口等构成。图 2-18 为硬件系统结构示意图。

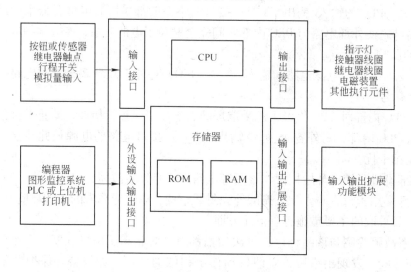

图 2-18　PLC 硬件系统结构示意图

（1）中央处理器（CPU）。CPU 是 PLC 的核心部件，一般由控制电路、运算器和寄存器组成。CPU 通过地址总线、数据总线和控制总线与存储单元、输入输出（I/O）接口电路连接。

（2）存储器。存储器是具有记忆功能的半导体电路，用来存放系统程序、用户程序、逻辑变量和其他信息。系统程序是指控制和完成 PLC 各种功能的程序，这些程序由 PLC 制造厂家编写并固化到只读存储器（ROM）中，用户无法修改。用户程序是指使用者根据工业现场设备工艺要求编写的控制程序，用来完成现场生产过程及工艺过程的控制。用户程序由使用者通过编程器输入到 PLC 的随机存储器（RAM）中，允许用户修改。

（3）输入接口。输入接口是 PLC 与现场控制外部设备的输入通道。现场输入信号可以是按钮、选择开关、行程开关以及传感器输出的开关信号或模拟量信号。

通常 PLC 的输入接口采用光耦合电路，用来防止现场强电干扰信号进入到 PLC 中。

（4）输出接口。输出接口是 PLC 向现场执行部件输出相应控制信号的通道。现场执行部件包括电磁阀、继电器、指示灯等开关量信号，也可以输出电压、电流模拟量信号。

输出接口分为继电器输出、晶体管输出、双向晶闸管输出三种。

（5）输入输出扩展接口。用来扩展增加 PLC 的 I/O 点数，连接各种功能模块。

（6）外设输入输出接口。用来连接编程器、触摸屏、打印机等外部设备。

B PLC 的软件组成

PLC 的软件主要有以下几部分构成。

a 继电器逻辑

在电气控制中，PLC 为用户提供继电器逻辑，用逻辑"与"或"非"等运算来处理各种继电器的连接。PLC 内部有储单元有"1"和"0"两种状态，对应于"ON"和"OFF"两种状态。因此 PLC 中所说的继电器是一种逻辑概念，而不是真正的继电器，有时称为"软继电器"。这些"软继电器"与通常的继电器相比有以下特点：

（1）体积小、功耗低。

（2）无触点、速度快、寿命长。

（3）触点个数多，使用中不必考虑接点的容量。

PLC 一般为用户提供以下几种继电器（以 FX 系列 PLC 为例）：

（1）输入继电器（X）。把现场信号输入 PLC，同时提供常开、常闭触点供用户编程使用。

（2）输出继电器（Y）。分别对应一个物理触点，可以串联在负载回路中，对应物理元件有继电器、晶闸管和晶体管。

（3）内部继电器（M）。与外界没有直接联系，仅作为运算的中间结果使用。有时也称为辅助继电器或中间继电器。每个辅助继电器有无限多对常开、常闭触点，供编程使用。

b 定时器逻辑

PLC 一般采用硬件定时中断、软件计数的方法来实现定时逻辑功能。定时器一般包括：

（1）定时条件。控制定时器操作。

（2）定时语句。指定所使用的定时器，给出定时设定值。

（3）定时器的当前值。记录定时时间。

（4）定时继电器。定时器达到设定的值时为"1"（ON）状态，未开始定时或定时未达到设定值时为"0"（OFF）状态。

c 计数器逻辑

PLC 为用户提供了若干计数器，它们是由软件来实现的，一般采用递减计数，一个计数器有以下几个内容：计数器的复位信号 R、计数器的计数信号（CP 单位脉冲）、计数器设定值的记忆单元、计数器当前计数值单元、计数继电器。计数器计数达到设定值时为 ON，复位或未到计数设定值时为 OFF。

PLC 除能进行位运算外，还能进行字运算。PLC 为用户提供了若干个数据寄存器，以存储有效数据。

2.6.1.5 PLC 的工作原理

PLC 采用循环扫描的工作方式。对每个程序，CPU 从第一条指令开始执行，按指令步序号做周期性的程序循环扫描，如果无跳转指令，则从第一条指令开始逐条执行用户程序，直至遇到结束符后又返回第一条指令，如此周而复始不断循环，每一个循环称为一个扫描周期。扫描周期的长短主要取决于以下几个因素：一是 CPU 执行指令的速度；二是执行每条指令占用的时间；三是程序中指令条数的多少。一个扫描周期主要可分为三个阶段：

（1）采样阶段。PLC 通过输入接口将所有输入端子的信号状态读入并存入输入缓冲区，即刷新所有输入信号的原有状态。

（2）扫描用户程序。根据本周期输入信号状态和上周期输出信号状态，对用户程序进行逐条扫描运算，将运算结构逐一填入缓冲区。

（3）输出刷新。将刷新过的输出缓冲区各输出点状态通过输出接口电路全部送到 PLC 的输出端子。

2.6.2　PLC 编程基础

2.6.2.1　PLC 编程语言

PLC 通常为用户提供梯形图、指令表和流程图。

（1）梯形逻辑图（LAD）。梯形逻辑图简称梯形图，它是从继电器—接触器控制系统的电气原理图演化而来的，是一种图形语言。沿用了常开触点、常闭触点、继电器线圈、接触器线圈、定时器和计数器等术语及图形符号，也增加了一些简单的计算机符号，来完成时间上的顺序控制操作。触点和线圈等的图形符号就是编程语言的指令符号。这种编程语言与电路图相呼应，使用简单，形象直观，易编程，容易掌握，是目前应用最广泛的编程语言之一。

梯形图是虚拟化的图形，两边垂直的线称为母线，虚拟电流从左边母线流向右边母线。在母线之间通过串、并（与、非）关系构成一定的逻辑关系。输出线圈一律靠在最右边母线上。输入信号接点和输出信号线圈号码与 PLC 外部信号接线位置相对应。如果"虚拟电流"能从左至右流向线圈，线圈被激励，否则线圈未被激励。母线中是否有"虚拟电流"流过，即线圈能否被激励，其关键主要取决于母线的逻辑线路是否接通。

（2）指令语句表（STL）。指令语句表简称语句表（STL），类似于计算机的汇编语言，是用语句助记符来编程的。中、小型 PLC 一般用语句表编程。

每条命令语句包括命令部分和数据部分。命令部分要指定逻辑功能，数据部分要指定功能存储器的地址号或直接数值。

（3）顺序功能流程图（SFC）。顺序功能流程图（SFC）编程是一种图形化的编程方法，亦称功能图。使用 SFC 编程可以对具有并发、选择等复杂结构的系统进行编程，许多PLC 都提供了用于 SFC 编程的指令。

以上三种编程语言，每一种编程方法都有其自身的特点。目前来说前两种编程方法应用比较普遍。

2.6.2.2　基本指令

以三菱 FX 系列 PLC 为例，介绍 PLC 基本指令的用法。

A　指令基本格式

如图 2-19 所示，为梯形图例程。

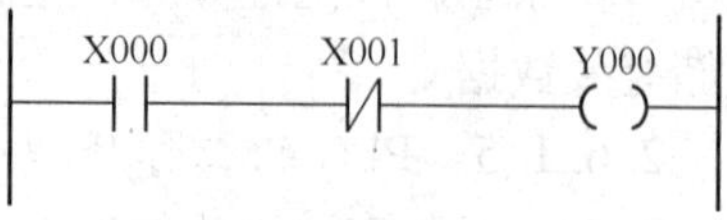

图 2-19　梯形图例程

其中，┤├表示常开触点，X000 中 X 表示输入，000 表示输入端子地址号；┤／├表示常闭触点，X001 中 X 表示输入，001 表示输入端子地址号；┤（）├表示线圈，Y000中，Y 表示输出，000 表示输出端子地址号。

梯形图 2-19 对应的语句表如表 2-1 所示。

表 2-1　语句表

操作码	操作数	
	标识符	参数
LD	X	000
ANI	X	001
OUT	Y	000

B　基本指令

PLC 基本指令的含义见表 2-2，PLC 基本指令表如表 2-3 所示。

表 2-2　PLC 基本指令的含义

基本指令	意义	说明	基本指令	意义	说明
AND	与	表示与前面的常开触点串联	ORI	或非	表示与前面的常闭触点并联
ANI	与非	表示与前面的常闭触点串联	ANB	块串联	表示两个回路串联
OR	或	表示与前面的常开触点并联	ORB	块并联	表示两个回路并联

表 2-3　PLC 基本指令

梯 形 图	语 句 表	说 明
X000 X001 Y000 X002	LD　X000 AND　X001 OR　X002 OUT　Y000	输入 000 和 001 为 ON 时，或输入 002 为 ON 时，继电器 000 为 ON
X000 X001 Y000 X002	LDI　X000 ANI　X001 ORI　X002 OUT　Y000	输入 000 和 001 为 OFF 时，或输入 002 为 OFF 时，继电器 000 为 ON
X000 X001 Y000 X002 X003	LD　X000 OR　X002 LD　X001 OR　X003 ANB OUT　Y000	输入 000 和 001 为 ON 时，或输入 002 和 003 为 ON 时，或输入 000 和 003 为 ON 时，或输入 002 和 001 为 ON 时，继电器 000 为 ON
X000 X001 Y000 X002 X003	LD　X000 AND　X001 LD　X002 AND　X003 ORB OUT　Y000	输入 000 和 001 为 ON 时，或输入 002 和 003 为 ON 时，继电器 000 为 ON

续表 2-3

梯　形　图	语句表	说　明
X000 ├─┤ ├──(T1　K50)─┤ T1 ├─┤ ├──(Y000)─┤	LD　X000 OUT　T1 （SP）　K10 LD　T1 OUT　Y000	输入 000 为 ON 时，5S 后 T1 闭合，继电器 000 为 ON
X000 ├─┤ ├──(C0　K10)─┤ C0 ├─┤ ├──(Y000)─┤ X001 ├─┤ ├──(RST　C0)─┤	LD　X000 OUT　C0 （SP）　K10 LD　C0 OUT　Y000 LD　X001 RST　C0	输入 000 通断 10 次后，C0 闭合，继电器 000 为 ON，当 001 接通时，C0 复位，继电器 000 为 OFF

2.6.3　PLC 在测试控制系统中的应用

2.6.3.1　PLC 在液压缸常规实验测试应用

液压缸出厂前需要进行性能测试，通常常规实验包括液压缸泄漏、保压、试运行等项目。传统试验台采用继电器回路控制，只能采用手动操作。采用 PLC 控制后，电控简单，操作方便。图 2-20 所示为液压缸常规实验系统原理图。

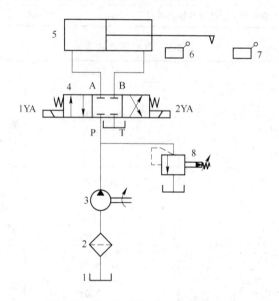

图 2-20　液压缸常规实验系统原理图

1—油箱；2—过滤器；3—液压泵；4—换向阀；5—液压缸；6，7—行程开关；8—溢流阀

控制说明：系统采用 PLC 控制后，利用 PLC 直接控制电磁换向阀，在控制台上操作完成测试。具体控制方式：在选择手动测试时，按下"按钮 1"，电磁铁 1YA 得电，液压缸伸出；按下"按钮 2"，电磁铁 2YA 得电，液压缸缩回；两个按钮都不按时，1YA、2YA 失电，液压缸可停止在任意位。在选择自动测试时，液压缸可以自动进行往复伸出缩回运动。表 2-4 为 I/O 分配表。

表 2-4 I/O 分配表

输 入	元 件	功 能	输 出	元 件	功 能
X000	按钮 1	液压缸伸出控制	Y000	电磁阀 1DT	液压缸伸出
X001	按钮 2	液压缸缩回控制	Y001	电磁阀 2DT	液压缸缩回
X002	选择开关	自动/手动			
X003	1 号行程开关触点	自动伸出			
X004	2 号行程开关触点	自动缩回			

部分程序如下：

（1）手动测试程序。

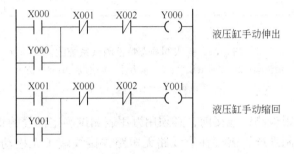

液压缸手动伸出

液压缸手动缩回

（2）自动测试程序。

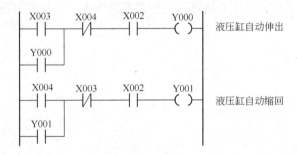

液压缸自动伸出

液压缸自动缩回

2.6.3.2 PLC 在伺服阀测试系统中的应用

伺服阀性能测试包括空载流量特性、压力特性。测试原理如图 2-21 所示。

被测伺服阀根据型号不同，其控制信号可以分为电压型 – 10 ~ 10V，电流型 – 10 ~ +10mA，4 ~ 20mA。传统测试方式，要根据被测阀型号，配置不同类型的信号放大器。更换被测阀后，需要更换信号放大板，测试效率不高。采用 PLC 后，利用 PLC 模拟量输出功能，可以分别设置输出电压、电流信号，根据被测阀类型，直接设置 PLC 输出信号类型，不用重新配置放大板，效率高，成本低。

2.6.3.3 测试中应注意的问题

在液压元件测试中，根据不同的液压元件，测试方法上都有不同，测试前，应该详细阅读被测元件样本，确定被测元件的测试项目以及性能参数，选择合适的测试液压回路，匹配合理的测控系统。

针对伺服阀等需要输入控制信号的元件，必须确认信号类型，范围，防止损坏液压元

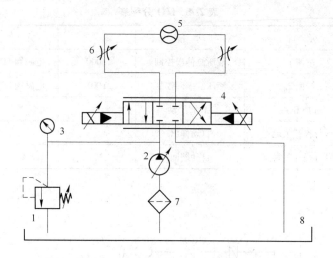

图 2-21　伺服阀静态特性测试系统图

1—溢流阀；2—变量液压泵；3—压力计；4—伺服阀；5—流量计；

6—节流阀；7—过滤器；8—油箱

件。所有测试信号在跟被测阀连接前，必须用万用表测试确定信号的正确性。

对于实验台的控制系统，需要注意线路无短路，接线端子无松动，接地、屏蔽良好，以免影响测试数据的准确性。

所有元件测试完毕后，液压系统卸压，控制系统断电，并保存好测试数据。

3 液压元件性能试验方法

3.1 液压泵

3.1.1 齿轮泵

3.1.1.1 性能要求

性能要求主要包括以下内容：

（1）排量。空载排量应在公称排量的95%~110%范围内。

（2）自吸性能。自吸能力不低于16kPa真空度。

（3）容积效率和总效率。在额定工况下，油温为50℃时，容积效率和总效率应符合表3-1的规定。

表 3-1　齿轮泵的容积效率和总效率　　　　　　　　　　　　%

额定压力/MPa	效率/%	公称排量/mL · r^{-1}					
		≤2	>2~4	>4~10	>10~25	>25~50	>50
2.5	容积效率	≥70	≥80	≥90	≥91		≥93
	总效率	≥60	≥68	≥77	≥80		≥82
10~25	容积效率	≥80	≥85	≥89		≥90	
10~25	总效率	≥72	≥75	≥79		≥81	

（4）噪声。在额定压力、转速1500r/min下（当额定转速小于1500r/min时，在额定转速下），噪声值应符合表3-2的规定。

表 3-2　齿轮泵的噪声值　　　　　　　　　　　　dB

额定压力/MPa	公称排量/mL · r^{-1}				
	≤10	>10~25	>25~50	>50~100	>100
2.5	≤70	≤75	≤76	≤78	≤80
10~25	≤80	≤85	≤85	≤90	≤90

（5）压力振摆。额定压力为2.5MPa的齿轮泵，出口压力振摆不大于±0.2MPa。

（6）低温性能。在环境温度和进口油液油温为-20℃，或设计规定的低温条件下，齿轮泵能够在额定转速、空载压力工况下正常启动。

（7）高温性能。在额定工况下，齿轮泵进口油液温度达到90℃，或设计规定的高温条件下，齿轮泵应能够短时间正常工作。

（8）低速性能。额定压力为10~25MPa的齿轮泵，在转速为800r/min或设计规定的最低转速条件下，应能够保持输出稳定的额定压力，且容积效率不低于60%。

（9）超速性能。在齿轮泵的驱动转速达到 110% 额定转速或设计规定的最高转速下，齿轮泵应能够短时间正常运转。

（10）密封性能。密封性能主要有：

1）静密封：各静密封部位在任何工况条件下，不应渗油。

2）动密封：各动密封部位在齿轮泵运转 4h 内，不应滴油。

（11）超载性能。在额定转速及下列压力之一条件下，齿轮泵应能够短时间正常工作：

1）125% 额定压力（额定压力 <20MPa 时）。

2）125% 额定压力或设计规定的最高压力（额定压力 ≥20MPa 时）。

（12）耐久性。耐久性主要包括以下几点：

1）耐久性试验可在下列方案中任选一种：

①满载试验 3000h。

②超载试验 100h，冲击试验 40 万次（在两台泵上分别进行）。

注：特殊用途的齿轮泵可按专用技术规范进行。

2）耐久性试验后，容积效率不应低于表 3-1 规定值三个百分点，零件不得有异常磨损和其他形式的损坏。

3.1.1.2　试验方法

试验方法的具体内容主要有：

（1）试验装置。试验位置要求为：

1）齿轮泵试验应具备符合图 3-1 或图 3-2 所示试验回路的试验台。

2）压力测量点的位置。压力测量点应设置在距被试泵进、出油口的（2 ~ 4）d 处（d

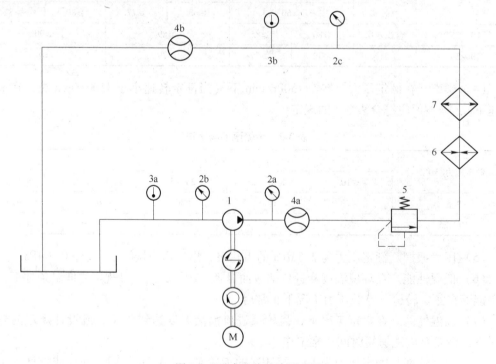

图 3-1　开式试验回路原理图

1—被试泵；2—压力表；3—温度计；4—流量计；5—溢流阀；6—加热器；7—冷却器

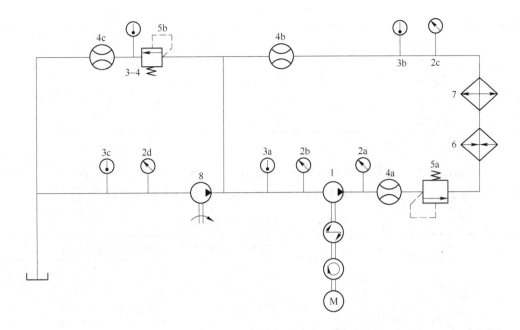

图3-2 闭式试验回路原理图

1—被试泵；2—压力表；3—温度计；4—流量计；5—溢流阀；6—加热器；7—冷却器；8—补油泵

为管道内径）。稳态试验时，允许将测量点的位置移至距被试泵更远处，但应考虑管路的压力损失。

3）温度测量点的位置。温度测量点应设置在距压力测量点 $(2 \sim 4)d$ 处，且比压力测量点更远离被试泵。

4）噪声测试点的位置。噪声测量点的位置和数据应按 GB/T 17483 的规定设置。

（2）试验条件。试验条件包括：

1）试验介质。试验介质需满足以下要求：

①试验介质应为被试泵适用的工作介质。

②试验介质的温度：除明确规定外，型式试验应在 50℃ ±2℃ 下进行，出厂试验应在 50℃ ±4℃ 下进行。

③试验介质的黏度：40℃时的运动黏度为 $42 \sim 72 mm^2/s$（特殊要求另行规定）。

④试验介质的污染度：试验系统油液的固体颗粒污染等级不应高于 GB/T 14039—2002 规定的等级代号 19/16。

2）稳态工况。在稳态工况下，被控量平均显示值的变化范围应符合表3-3 规定。在稳态工况下记录试验参量的测量值。

表3-3 齿轮泵被控参量平均显示值允许变化范围

测 量 参 量	各测量准确度等级对应的被控参量平均显示值允许变化范围		
	A	B	C
压力（表压力 $p < 0.2MPa$ 时）/kPa	±1.0	±3.0	±5.0
压力（表压力 $p \geq 0.2MPa$ 时）/%	±0.5	±1.5	±2.5

测 量 参 量	各测量准确度等级对应的被控参量平均显示值允许变化范围		
	A	B	C
流量/%	±0.5	±1.5	±2.5
转矩/%	±0.5	±1.0	±2.0
转速/%	±0.5	±1.0	±2.0

注：A、B、C 为测量准确度等级。

3）测量准确度。测量准确度等级分为 A、B、C 三级，型式试验不应低于 B 级，出厂试验不应低于 C 级。各等级测量系统的允许系统误差应符合表 3-4 的规定。

表 3-4　测量系统的允许系统误差

测 量 参 量	各准确度等级对应的测量系统的允许系统误差		
	A	B	C
压力（表压力 $p<0.2$ MPa 时）/kPa	±1.0	±3.0	±5.0
压力（表压力 $p\geq0.2$ MPa 时）/%	±0.5	±1.5	±2.5
流量/%	±0.5	±1.5	±2.5
转矩/%	±0.5	±1.0	±2.0
转速/%	±0.5	±1.0	±2.0
温度/%	±0.5	±1.0	±2.0

（3）试验项目和试验方法。试验项目和试验方法主要内容包括：

1）跑合。跑合应在试验前进行。在额定转速下，从空载压力开始逐级加载，分级跑合。跑合时间与压力分级应根据需要确定，其中额定压力下的跑合时间应不小于两分钟。

2）出厂试验。出厂试验项目与试验方法见表 3-5 的规定。

表 3-5　齿轮泵出厂试验项目与试验方法

序　号	试验项目	试　验　方　法	试验类型
1	排量试验	在额定转速[①]、空载压力下，测量排量	必　试
2	容积效率试验	在额定转速[①]、额定压力下，测量容积效率	必　试
3	总效率试验	在额定转速[①]、额定压力下，测量总效率	抽　试
4	超载性能试验	在额定转速[①]和下列压力之一的工况下进行试验： 　1. 125% 的额定压力（当额定压力小于 20MPa 时）连续运转 1min 以上； 　2. 最高压力或 125% 的额定压力（当额定压力不小于 20MPa 时），连续运转 1min 以上	必　试
5	外渗漏检查	在上述试验全过程中，检查各部位渗漏情况	必　试

①允许采用试验转速代替额定转速，试验转速可由企业根据试验设备条件自行确定，但应保证产品性能。

3）型式试验。型式试验项目与试验方法如表 3-6 所示规定。

表 3-6 齿轮泵型式试验项目与试验方法

序号	试验项目	试验内容和方法	备 注
1	排量验证试验	按 GB/T 7936 的规定进行	
2	效率试验	1. 在额定转速至最低转速范围内的五个等分转速①下，分别测量空载压力至额定压力范围内至少六个等分压力点②的有关效率的各组数据； 2. 在额定转速下，进口油温为 20 ~ 35℃ 和 70 ~ 80℃ 时，分别测量被试泵在空载压力至额定压力范围内至少六个等分压力点②的有关效率的各组数据； 3. 绘制 50℃ 油温、不同压力时的功率、流量、效率随转速变化的曲线； 4. 绘制 20 ~ 35℃、50℃、70 ~ 80℃ 油温时，功率、流量、效率随压力变化的曲线	
3	压力振摆检查	在额定工况下，观察并记录被试泵出口压力振摆值	仅适用于额定压力为 2.5MPa 的齿轮泵
4	自吸试验	在额定转速、空载压力工况下，测量被试泵吸入口真空度为零时的排量，以此为基准，逐渐增加吸入阻力，直至排量下降 1% 时，测量其真空度	
5	噪声试验	在 1500r/min 的转速下（当额定转速小于 1500r/min 时，在额定转速下），并保证进口压力在 −16kPa 至设计规定的最高进口压力的范围内，分别测量被试泵空载压力至额定压力范围内，至少六个等分压力点②的噪声值	1. 本底噪声应比被试泵实测噪声比低 10dB(A) 以上，否则应进行修正； 2. 本项目为考查项目
6	低温试验	使被试泵和进口油温均为 −25 ~ −20℃，油液黏度在被试泵所允许的最大黏度范围内，在额定转速、空载压力工况下启动被试泵至少五次	1. 有要求时做此项试验； 2. 可以由制造商与用户协商，在工业应用中进行
7	高温试验	在额定工况下，进口油温为 90 ~ 100℃ 时，油液黏度不低于被试泵所允许的最低黏度条件下，连续运转 1h 以上	
8	低速试验	在输出稳定的额定压力，连续运转 10min 以上测量流量、压力数据，计算容积效率并记录最低转速	仅适用于额定压力为 10 ~ 25MPa 的齿轮泵
9	超速试验	在转速为 115% 额定转速或规定的最高转速下，分别在额定压力与空载压力下连续运转 15min 以上	
10	超载试验	在被试泵的进口油温为 80 ~ 90℃，额定转速和下列压力之一的工况下： 1. 125% 的额定压力（当额定压力小于 20MPa 时）做连续运转 1min 以上； 2. 最高压力或 125% 的额定压力（当额定压力不小于 20MPa 时）做连续运转 1min 以上	仅适用于额定压力为 10 ~ 25MPa 的齿轮泵
11	冲击试验	在 80 ~ 90℃ 的进口油和额定转速、额定压力下进行冲击，冲击频率为 20 ~ 40 次/min 的冲击	仅适用于额定压力为 10 ~ 25MPa 的齿轮泵

序号	试验项目	试验内容和方法	备 注
12	满载试验	在额定工况下，被试泵进口油温为 30～60℃ 时作连续运转	仅适用于额定压力为 2.5MPa 的齿轮泵
13	效率检查	完成上述规定项目试验后，测量额定工况下的容积效率和总效率	
14	密封性能检查	被试泵擦干净，如有个别部位不能一次擦干净，运转后产生"假"渗漏现象，允许再次擦干净。 1. 静密封：将干净吸水纸压贴于静密封部位，然后取下，纸上如有油迹即为渗油； 2. 动密封：在动密封部位下方放置白纸，于规定时间内纸上不应该有油滴	

注：试验项目序号 10～12 属于耐久性试验项目；①包括最低转速和额定转速；②包括空载压力和额定压力。

（4）试验数据处理和结果表达。试验数据处理和结果表达主要包括：

1）数据处理。利用试验数据和下列计算公式，计算出被试泵的相关性能指标。

容积效率：
$$\eta_V = \frac{V_{2,e}}{V_{2,i}} = \frac{q_{v2,e}/n_e}{q_{v2,i}/n_i} \times 100\% \tag{3-1}$$

总效率：
$$\eta_t = \frac{p_{2,e} \cdot q_{v2,e} - p_{1,e} \cdot q_{v1,e}}{2\pi n_e T_1} \times 100\% \tag{3-2}$$

输出液压功率（单位为 kW）：
$$P_{2,h} = \frac{p_{2,e} \cdot q_{v2,e}}{60000} \tag{3-3}$$

输入机械功率（单位为 kW）：
$$P_{1,m} = \frac{2\pi n_e T_1}{60000} \tag{3-4}$$

式中　$q_{v2,i}$——空载压力时的输出流量，L/min；

$q_{v2,e}$——试验压力时的输出流量，L/min；

$q_{v1,e}$——试验压力时的输出流量，L/min；

n_e——试验压力时的转速，r/min；

n_i——空载压力时的转速，r/min；

$V_{2,e}$——试验压力时的排量，mL/r；

$V_{2,i}$——空载排量，mL/r；

$P_{2,e}$——输出试验压力，kPa；

$P_{1,e}$——输入压力，大于大气压为正，小于大气压为负，kPa；

T_1——输入转矩，N·m。

2）结果表达。试验报告应包括试验数据和相关特性曲线。

3.1.1.3　检验规则

检验规则主要包括：

（1）检验分类。产品检验分为出厂检验和型式检验。具体为：

1）出厂检验。出厂检验指产品交货时应进行的各项检验。

2）型式检验。型式检验指对产品质量进行全面考核，即按本标准规定的技术要求进行全面检验。凡属于下列情况之一者，应进行型式检验：

①新产品或老产品转厂生产的试制定制鉴定。

②正式生产后，如结构、材料、工艺有较大改变，可能影响产品性能时。

③产品长期停产后，恢复生产时。

④出厂检验结果与上次型式检验结果有较大差异时。

⑤国家质量监督机构提出进行型式检验要求时。

（2）抽样。产品检验的抽样方案按 GB/T 2828.1 的规定执行。

注：质量监督检验抽样按有关规定进行。

1）出厂检验抽样，主要包括：

①接收质量限（AQL 值）：2.5。

②抽样方案类型：正常检验一次抽样方案。

③检查水平：特殊检查水平 S-2。

2）型式检验抽样，主要包括：

①接收质量限（AQL 值）：2.5(6.5)。

②抽样方案类型：正常检验一次抽样方案。

③样本量：五台（两台）。

注：括号内的数值仅适用于耐久性试验。

（3）判定规则。判定规则按 GB/T 2828.1 的规定进行。

3.1.2 叶片泵

3.1.2.1 术语

叶片泵试验方法的常见术语有：

（1）额定压力。在规定转速范围内连续运转，并能保证设计寿命的最高输出压力。

（2）空载压力。不超过 5% 额定压力或 0.5MPa 的输出压力。

（3）额定转速。在额定压力、规定进油条件下，能保证设计寿命的最高转速。

（4）最低转速。保持输出稳定额定压力所允许的转速最小值。

（5）排量。泵轴每转排出的液体体积。

（6）空载排量。在空载压力下测得的排量。

（7）输出特性曲线。输出流量对输出压力的关系曲线。

（8）截流压力。额定输出特性曲线上使输出流量为零的压力。

（9）滞环。输出特性曲线上，产生相同流量的两压力之差的最大值与截流压力之比，以百分数表示。

（10）拐点。输出特性曲线上，斜率变化最大的点。

3.1.2.2 试验装置与试验条件

试验装置与试验条件主要包括：

（1）试验回路。试验回路原理如图 3-3 和图 3-4 所示。

（2）测量点位置。各测量点位置要求有：

1）压力测量点。压力测量点设置在距被试泵入口、出口的 $(2 \sim 4)d$（d 为管道通径）处。稳态试验时，允许将测量点的位置移至距被试泵更远处，但必须考虑管路的压力

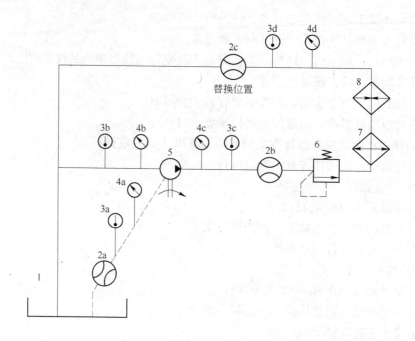

图 3-3　开式试验回路

1—油箱；2—流量计；3—温度计；4—压力计；5—定量泵；6—顺序阀；7—冷却器；8—加热器

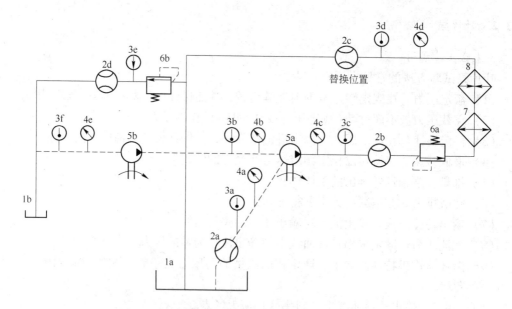

图 3-4　闭式试验回路

1—油箱；2—流量计；3—温度计；4—压力计；5—定量泵；6—顺序阀；7—冷却器；8—加热器

损失。

2）温度测量点。温度测量点设置在距测压点 $(2\sim4)d$ 处，比测压点更远离被试泵。

3）噪声测量点。噪声测量点的位置和数量按 GB 3767 中第 6.5 条的规定设置。

（3）试验用油液。试验用油液需满足以下要求：

1）黏度：40℃时的运动黏度为 42～74mm²/s（特殊要求另行规定）。

2）油温：除明确规定外，型式试验应在 50℃±2℃ 下进行，出厂试验应在 50℃±4℃ 下进行。

3）清洁度等级：固体颗粒污染等级代号不得高于 19/16。

（4）稳态工况。参量的平均显示值的变动范围符合表 3-7 的规定时为稳态工况。在稳态工况下同时测量每个设定点的各个参量（压力、流量、转矩、转速等）。

表3-7　参量的平均显示值的变动范围

测 量 参 量	各测量准确度等级对应的被控参量平均显示值的变动范围		
	A	B	C
压力（表压力 $p < 0.2$ MPa 时）/kPa	±1.0	±3.0	±5.0
压力（表压力 $p \geq 0.2$ MPa 时）/%	±0.5	±1.5	±2.5
流量/%	±0.5	±1.5	±2.5
转矩/%	±0.5	±1.0	±2.0
转速/%	±0.5	±1.0	±2.0

注：型式试验应不低于 B 级测量准确度；出厂试验应不低于 C 级测量准确度。

（5）测量准确度。测量准确度等级分 A、B、C 三级。测量系统的允许系统误差应符合表 3-8 的规定。

表3-8　测量系统的允许系统误差

测 量 参 量	各测量准确度等级对应的测量系统的允许系统误差		
	A	B	C
压力（表压力 $p < 0.2$ MPa 时）/kPa	±1.0	±3.0	±5.0
压力（表压力 $p \geq 0.2$ MPa 时）/%	±0.5	±1.5	±2.5
流量/%	±0.5	±1.5	±2.5
转矩/%	±0.5	±1.0	±2.0
转速/%	±0.5	±1.0	±2.0
温度/℃	±0.5	±1.0	±2.0

注：型式试验应不低于 B 级测量准确度；出厂试验应不低于 C 级测量准确度。

3.1.2.3　试验项目和试验方法

试验项目和试验方法主要包括：

（1）气密性检查和跑合。气密性检查和跑合应在试验前进行：

1）气密性检查。在被试泵内腔充满压力为 0.16MPa 的干净气体，浸没在防锈液中停留 1min 以上。

2）跑合。在额定转速或试验转速下，从空载压力开始逐级加载，分级跑合。跑合时间和压力分级根据需要确定，其中额定压力（变量泵为 70% 截流压力）下跑合时间不得少于 2min。

（2）型式试验。型式试验项目和方法如表 3-9 所示。

表 3-9　型式试验项目和方法

序号	试验项目	试验内容和方法	备　注
1	排量验证试验	按 GB/T 7936 的规定进行	
2	效率试验	1. 额定转速下，使泵的出口压力逐渐增加，至额定压力的 25% 左右。待运转稳定后，开始测量； 2. 按上述方法至少测量泵的出口压力约为额定压力的 40%、55%、70%、85%、100%（变量泵为 30%、40%、50%、60%、70% 截流压力）时的各组数据； 3. 在被试泵额定转速的 85% 至最低转速的范围内，至少设定 4 个均匀分布的试验转速，在各试验转速下分别测量上述各试验压力点的各组数据； 4. 额定转速下，进口油温为 20~35℃ 和 70~80℃ 时，分别测量空载压力至额定压力（变量泵为 70% 截流压力）范围内至少 6 个等分压力点的容积效率 绘制下列特性曲线： 1. 20~35℃ 和 70~80℃ 油温时的效率曲线； 2. 等效率特性曲线或性能曲线； 3. 流量、效率、功率随压力变化的特性曲线或等值曲线	
3	压力振摆检查	在最大排量、额定压力、额定转速工况下，观察并记录泵出口压力振摆值	
4	输出特性试验	在最大排量、额定转速下，调节负载压力缓慢地升至截流压力，然后再缓慢地降至空载压力，重复 3 次绘制输出特性曲线	变量泵做该项试验
5	瞬态特性试验	在最大排量、额定转速下，将压力调至截流压力，锁死调节机构，用阶跃加载使流量从最大到最小，再从最小到最大，绘制瞬时压力和时间函数的波形，确定峰值压力 p_{max}、压力脉动 Δp、过渡过程时间 t_s、响应时间 t_p 和压力超调量 δ	1. 变量泵做该项试验； 2. 暂不做考核项目
6	自吸试验	在额定转速、空载压力工况下，测量吸入口真空度为零时的排量，以此为基准，逐渐增加吸入阻力，直至排量下降 1% 时，测量其真空度	变量泵在最大排量下试验
7	噪声试验	在额定转速下，分别测量空载压力至额定压力（变量泵为截流压力）范围内至少 6 个等分压力点的噪声值	1. 变量泵在最大排量下试验； 2. 本项噪声应比被试泵实测噪声低 10dB（A）以上，否则应进行修正
8	低温试验	被试泵和进口油温处于 -20℃ 以下，在空载压力下启动被试泵，反复启动 5 次	1. 变量泵在最大排量下试验； 2. 有要求时做该项试验
9	高温试验	额定压力（变量泵为 70% 截流压力）、额定转速下，进口油温为 90℃ 以上时，连续运转 1h	变量泵在最大排量下试验
10	超速试验	在额定转速的 115% 工况下，分别在额定压力（变量泵为 70% 截流压力）及空载压力下连续运转 15min，试验时被试泵的进口油温为 30~60℃	变量泵在最大排量下试验

序号	试验项目	试验内容和方法	备　注
11	超载试验	1. 定量泵：在额定转速下，以额定压力的125%做连续运转1min以上； 2. 变量泵：调节变量机构，使被试泵拐点移至截流压力处，在最大排量、额定转速和截流压力工况下做连续运转1min以上，试验完毕后将拐点移回原处 试验时被试泵的进口油温为30~60℃	
12	冲击试验	在额定转速下按下述要求连续冲击： 冲击频率大于10次/min，额定压力（变量泵为截流压力）下保压时间大于$T/3$（T为循环周期），卸载压力低于额定压力（变量泵为载流压力）的10%	
13	满载试验	在额定压力（变量泵为70%截流压力）、额定转速下，做连续运转试验时被试泵的进口油温为30~60℃	变量泵在最大排量下试验
14	效率检查试验	完成上述规定项目试验后，测量额定压力（变量泵为70%截流压力）、额定转速下的容积效率和总效率	变量泵在最大排量下试验
15	外渗漏检查试验	将被试元件擦干净，如有个别部位不能一次擦干净，运转后产生"假"渗漏现象，允许再次擦干净。 1. 静密封：将干净吸水纸压贴于静密封部位，然后取下，纸上如有油迹即为渗油； 2. 动密封：在动密封部位下方放置白纸，于规定时间内纸上如有油滴即为漏油	

注：序号10、11、12项属于耐久性试验项目。

（3）出厂试验。出厂试验项目和方法如表3-10所示。

表3-10　出厂试验项目和方法

序号	试验项目	试验内容和方法	备　注
1	排量检查试验	按GB 7936的有关规定进行	变量泵进行最大排量验证
2	容积效率试验	在额定压力（变量泵为70%载流压力）、额定转速下，测量容积效率	变量泵在最大排量下试验
3	压力振摆检查	在最大排量、额定压力、额定转速工况下，观察并记录泵出口压力振摆值	
4	输出特性试验	在最大排量、额定转速下，调节负载压力缓慢地升至截流压力，然后再缓慢地降至空载压力，重复3次绘制输出特性曲线	变量泵做该项试验
5	超载试验	在额定转速下，以额定压力的125%连续运转1min	定量泵做此项试验
6	冲击试验	在额定转速下按下述要求连续冲击10次以上： 冲击频率大于10次/min，截流压力下保压时间大于$T/3$（T为循环周期），卸载压力低于截流压力的10%	变量泵做该项试验
7	外渗漏检查	将被试元件擦干净，如有个别部位不能一次擦干净，运转后产生"假"渗漏现象，允许再次擦干净。 1. 静密封：将干净吸水纸压贴于静密封部位，然后取下，纸上如有油迹即为渗油； 2. 动密封：在动密封部位下方放置白纸，于规定时间内纸上如有油滴即为漏油	

3.1.2.4　数据处理和结果表达

试验数据处理和结果表达主要有：

（1）数据处理。按下列计算公式处理数据：

容积效率：
$$\eta_V = \frac{V_{2,\mathrm{e}}}{V_{2,\mathrm{i}}} = \frac{q_{v2,\mathrm{e}}/n_\mathrm{e}}{q_{v2,\mathrm{i}}/n_\mathrm{i}} \times 100\% \tag{3-5}$$

总效率：
$$\eta_t = \frac{p_{2,\mathrm{e}} \cdot q_{v2,\mathrm{e}} - p_{1,\mathrm{e}} \cdot q_{v1,\mathrm{e}}}{2\pi n_\mathrm{e} T_1} \times 100\% \tag{3-6}$$

输出液压功率（单位为 kW）：
$$P_{2,\mathrm{h}} = \frac{p_{2,\mathrm{e}} \cdot q_{v2,\mathrm{e}}}{60000} \tag{3-7}$$

输入机械功率（单位为 kW）：
$$P_{1,\mathrm{m}} = \frac{2\pi n_\mathrm{e} T_1}{60000} \tag{3-8}$$

式中　$q_{v2,\mathrm{i}}$——空载压力时的输出流量，L/min；

$q_{v2,\mathrm{e}}$——试验压力时的输出流量，L/min；

$q_{v1,\mathrm{e}}$——试验压力时的输出流量，L/min；

n_e——试验压力时的转速，r/min；

n_i——空载压力时的转速，r/min；

$V_{2,\mathrm{e}}$——试验压力时的有效排量，mL/r；

$V_{2,\mathrm{i}}$——空载压力时的空载排量，mL/r；

$p_{2,\mathrm{e}}$——输出试验压力，kPa；

$p_{1,\mathrm{e}}$——输入压力，大于大气压为正，小于大气压为负，kPa；

T_1——输入转矩，N·m。

（2）结果表达。试验报告应包括试验数据和相关特性曲线。

3.1.3　轴向柱塞泵

3.1.3.1　性能要求

轴向柱塞泵有关性能要求包括：

（1）排量。空载排量应在公称排量的95%～110%范围内。

（2）容积效率和总效率。在额定工况下，定量泵的容积效率和总效率应符合表3-11的规定。变量泵指标可比相同排量的定量泵指标低1个百分点。

表3-11　轴向柱塞泵的容积效率和总效率

项　目	斜盘式柱塞泵			斜轴式柱塞泵	
公称排量 V/mL·r^{-1}	2.5	$10 \leqslant V < 25$	$25 \leqslant V \leqslant 500$	$10 \leqslant V < 25$	$25 \leqslant V \leqslant 500$
容积效率/%	≥80	≥91	≥92	≥94	≥95
总效率/%	≥75	≥86	≥87	≥84	≥85

（3）自吸性能。自吸能力应符合表3-12的规定。

表3-12　轴向柱塞泵的自吸性能

项　目	斜盘式柱塞泵	斜轴式柱塞泵
自吸能力（真空度）/kPa	≥16.7	≥30

（4）变量特性。各种变量机构的特性应符合各自的设计要求。

（5）噪声。噪声值应符合表 3-13 或表 3-14 的规定。

表 3-13　斜盘式柱塞泵的噪声值

公称排量 $V/\text{mL} \cdot \text{r}^{-1}$	≤10	>10~25	>25~63	>63~500
噪声/dB(A)	≤72	≤76	≤85	≤90

表 3-14　斜轴式柱塞泵的噪声值

公称排量 $V/\text{mL} \cdot \text{r}^{-1}$	≤25	>28~80	>80~180	>180~500
噪声/dB(A)	≤75	≤79	≤84	≤90

（6）低温性能。在环境温度和进口油液油温为 -20℃，或用户与制造商商定的低温条件下，轴向柱塞泵应能够在最大排量、空载压力工况下正常启动。

（7）高温性能。在额定工况下，轴向柱塞泵进口油液温度达到 90~100℃，轴向柱塞泵应能够短时间正常工作。

（8）超速性能。在轴向柱塞泵的驱动转速达到 115% 额定转速或设计规定的最高转速下，轴向柱塞泵应能够短时间正常运转。

（9）超载性能。在额定转速、最高压力或 125% 的额定压力（选择其中高者）的工况下，轴向柱塞泵应能连续正常运行 1min 以上，无异常现象出现。

（10）抗冲击性能。在下列不同的流量输出特征的冲击试验工况下，轴向柱塞泵应运转正常，无异常现象出现。定量和手动变量泵在最大排量、额定转速下，进行压力冲击试验。

1）恒功率变量泵在 40% 额定功率的恒功率特性和额定转速下，进行压力冲击试验。

2）恒压变量泵在额定转速、流量符合 $10\% q_{v\max} \leqslant q_v \leqslant 80\% q_{v\max}$ 连续进行恒压力冲击（阶跃）循环试验。

（11）满载性能。在额定工况下，轴向柱塞泵进口油温为 30~60℃ 时做连续运转，轴向柱塞泵应能够正常工作。

（12）密封性能。密封性能主要包括：

1）静密封：各静密封部位在任何工况条件下，不应渗油。

2）动密封：各动密封部位在轴向柱塞泵运转 4h 内，不应滴油。

（13）耐久性。耐久性主要包括：

1）耐久性试验可在下列方案中任选一种：

①满载试验 2400h。

②满载试验 1000h，超载试验 10h，冲击试验 10 万次。

③超载试验 250h，冲击试验 10 万次。

注：特殊用途的轴向柱塞泵可按专用技术规范进行。

2）耐久性试验后，容积效率不应低于表 3-11 规定值三个百分点，零件不得有异常磨损和其他形式的损坏。

3.1.3.2　试验方法

试验方法的主要内容包括：

（1）试验装置。试验装置应符合以下要求：

1）轴向柱塞泵试验应具备符合图3-5或图3-6所示试验回路的试验台。

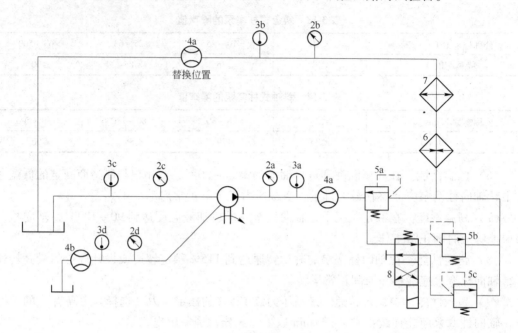

图3-5　开式试验回路原理

1—被试泵；2—压力表；3—温度计；4—流量计；5—溢流阀；6—加热器；7—冷却器；8—电磁换向阀

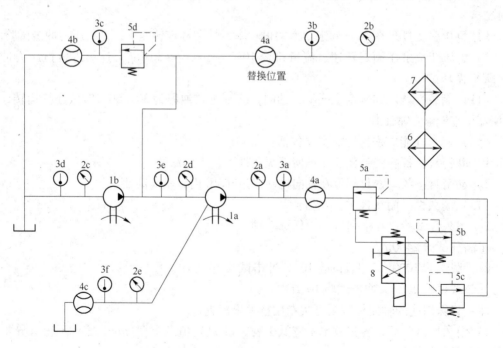

图3-6　闭式试验回路原理

1a—被试泵；1b—补油泵；2—压力表；3—温度计；4—流量计；5—溢流阀；

6—加热器；7—冷却器；8—电磁换向阀

2）压力测量点的位置。压力测量点应设置在距被试泵进、出油口的 (2 ~ 4)d 处（d 为管道内径）。稳态试验时，允许将测量点的位置移至距被试泵更远处，但应考虑管路的压力损失。

3）温度测量点的位置。温度测量点的应设置在距压力测量点 (2 ~ 4)d 处，且比压力测量点更远离被试泵。

4）噪声测试点的位置。噪声测量点的位置和数据应按 GB/T 17483 的规定设置。

（2）试验条件。试验条件主要包括：

1）试验介质。试验介质各项要求包括：

①试验介质应为被试泵适用的工作介质。

②试验介质的温度：除明确规定外，型式试验应在 50℃ ±2℃ 下进行，出厂试验应在 50℃ ±4℃ 下进行。

③试验介质的黏度：40℃ 时的运动黏度为 $42 \sim 72 mm^2/s$（特殊要求另行规定）。

④试验介质的污染度：试验系统油液的固体颗粒污染等级不应高于 GB/T 14039—2002 规定的等级代号 19/16。

2）稳态工况。在稳态工况下，被控参量平均显示值得变化范围应符合表 3-15 规定。在稳态工况下记录试验参量的测量值。

表3-15 轴向柱塞泵被控参量平均显示值允许变化范围

测 量 参 量	各测量准确度等级对应的被控参量平均显示值允许变化范围		
	A	B	C
压力（表压力 $p < 0.2MPa$ 时）/kPa	±1.0	±3.0	±5.0
压力（表压力 $p \geq 0.2MPa$ 时）/%	±0.5	±1.5	±2.5
流量/%	±0.5	±1.5	±2.5
转矩/%	±0.5	±1.0	±2.0
转速/%	±0.5	±1.0	±2.0

注：A、B、C 为测量准确度等级。

3）测量准确度。测量准确度等级分为 A、B、C 三级，型式试验不应低于 B 级，出厂试验不应低于 C 级。各等级测量系统的允许系统误差应符合表 3-16 的规定。

表3-16 测量系统的允许系统误差

测 量 参 量	各准确度等级对应的测量系统允许系统误差		
	A	B	C
压力（表压力 $p < 0.2MPa$ 时）/kPa	±1.0	±3.0	±5.0
压力（表压力 $p \geq 0.2MPa$ 时）/%	±0.5	±1.5	±2.5
流量/%	±0.5	±1.5	±2.5
转矩/%	±0.5	±1.0	±2.0
转速/%	±0.5	±1.0	±2.0
温度/%	±0.5	±1.0	±2.0

（3）试验项目和试验方法。试验项目和试验方法主要内容包括：

1）跑合。跑合应在试验前进行。在额定转速下，从空载压力开始逐级加载，分级跑合。跑合时间与压力分级应根据需要确定，其中额定压力下的跑合时间应不小于两分钟。

2）出厂试验。出厂试验项目与试验方法见表3-17的规定。

表3-17　轴向柱塞泵出厂试验项目与试验方法

序号	试验项目	试 验 方 法	试验类型	备　注
1	容积效率试验	在额定工况下，测量容积效率	必试	
2	总效率试验	在额定工况下，测量总效率	抽试	CY系列轴向柱塞泵可不进行该项试验
3	变量特性试验	在额定转速①下，使被试泵变量机构全行程往复变化三次	必试	仅对变量泵
4	超载性能试验	在最大排量、额定转速①、最高压力或125%的额定压力（选择其中高者）工况下，连续运转不少于1min	抽试	
5	外渗漏检查	在上述试验全过程中，检查动、静密封部位，不得有外泄漏	必试	

①允许采用试验转速代替额定转速，试验转速可由企业根据试验设备条件自行确定，但应保证产品性能。

3）型式试验。型式试验项目与试验方法如表3-18所示规定。

表3-18　轴向柱塞泵型式试验项目与试验方法

序号	试验项目	试验内容和方法	备　注
1	排量验证试验	按GB/T 7936的规定进行	
2	效率试验	1. 在最大排量、额定转速下，使被试泵的出口压力逐渐增加至额定压力的25%，待测试状态稳定后，测量与效率有关的数据； 2. 按上述方法，使被试泵的出口压力为额定压力的40%、55%、70%、80%、100%时，分别测量与效率有关的数据； 3. 转速约为额定转速100%、85%、70%、55%、40%、30%、20%和10%时，在上述各试验压力点，分别测量被试泵与效率有关的数据； 4. 绘出性能曲线图； 5. 在额定转速下，进口油温为20～35℃和70～80℃时，分别测量被试泵在空载压力至额定压力范围内至少六个等分压力点的容积效率； 6. 绘制效率、流量、功率随压力变化的曲线	
3	变量特性试验	1. 恒功率变量泵 1）最低压力转换点的测定：调节变量机构使被试泵处于最低压力转换状态测量被试泵出口压力； 2）最高压力转换点的测定：调节变量机构使被试泵处于最高压力转换状态测量被试泵出口压力； 3）恒功率特性的测定：根据设计要调节变量机构，测量压力、流量相对应的数据，绘制恒功率特性曲线（压力—流量特性曲线）； 4）其他特性按设计要求进行试验 2. 恒压变量泵 1）恒压静特性试验：在最大排量、额定转速下加载，绘制不同调定压力下的流量—压力特性曲线； 2）调定压力：33%p_n、66%p_n、100%p_n； 3）输出流量：0～100%$q_{v,2}$	仅适用于额定压力为2.5MPa的齿轮泵

续表 3-18

序号	试验项目	试验内容和方法	备 注
4	自吸试验	在最大排量、额定转速、空载压力工况下,测量被试泵吸入口真空度为零时的排量,以此为基准,逐渐增加吸入阻力,直至排量下降 1% 时,测量其真空度	自吸泵做该项试验
5	噪声试验	在最大排量、设定转速及进油口压力为 0.1MPa 绝对压力下,分别测量被试泵空载压力至额定压力范围内至少六个等分压力点的噪声值。当额定转速不小于 1500r/min 时,设定转速为 1500r/min;当 1000r/min≤额定转速<1500r/min 时,设定转速为 1000r/min;当额定转速小于 1000r/min 时,设定转速为额定转速	本底噪声应比被试泵实测噪声低 10dB(A) 以上,否则应进行修正,本项目为考查项目
6	低温试验	使被试泵和进口油温均为 -20 ~ -15℃,油液黏度在被试泵所允许的最大黏度范围内,在额定转速、空载压力工况(变量泵在最大排量)下启动被试泵至少五次	1. 有要求时做此项试验; 2. 可以由制造商与用户协商,在工业应用中进行
7	高温试验	在额定工况下,进口油温为 90 ~ 100℃ 时,油液黏度不低于被试泵所允许的最低黏度条件下,连续运转 1h 以上	
8	超速试验	在转速为 115% 额定转速(变量泵在最大排量)下,分别在额定压力与空载压力下连续运转 15min 以上,试验时被试泵的进口油温为 30 ~ 60℃	
9	超载试验	在额定转速、最高压力或 125% 的额定压力(选择其中高者,变量泵在最大排量)的工况下,连续运转 1min 以上,试验时被试泵的进口油温为 30 ~ 60℃	
10	冲击试验	1. 定量和手动变量泵 在最大排量、额定转速下,进行压力冲击试验,冲击频率为 (10 ~ 30) 次/min,冲击波形符合有关的规定,将连续运转 1min 以上; 2. 恒功率变量泵 在 40% 额定功率的恒功率特性和额定转速下,进行压力冲击试验,冲击频率为 (10 ~ 30) 次/min,冲击波形符合规定,连续运转 1min 以上; 3. 恒压变量泵在额定转速、流量符合 $10\% q_{vmax} \leqslant q_v \leqslant 80\% q_{vmax}$ 连续进行恒压段冲击(阶跃)循环试验	记录冲击波形
11	满载试验	在额定工况下,被试泵进口油温为 30 ~ 60℃ 时作连续运转 1min 以上,试验时间应符合有关的规定	
12	效率检查	完成上述规定项目试验后,测量额定工况下的容积效率和总效率	
13	密封性能检查	被试泵擦干净,如有个别部位不能一次擦干净,运转后产生"假"渗漏现象,允许再次擦干净。 1. 静密封:将干净吸水纸压贴于静密封部位,然后取下,纸上如有油迹即为渗油; 2. 动密封:在动密封部位下方放置白纸,于规定时间内纸上不应该有油滴	

注: 连续运转试验时间或次数是指扣除与被试泵无关的故障时间或次数后的累积值;试验项目序号 9 ~ 11 属于耐久性试验项目。

（4）试验数据处理和结果表达。试验数据处理和结果表达主要包括：

1）数据处理。利用试验数据和下列计算公式，计算出轴向柱塞泵的相关性能指标。

$$容积效率： \quad \eta_V = \frac{V_{2,e}}{V_{2,i}} = \frac{q_{v2,e}/n_e}{q_{v2,i}/n_i} \times 100\% \quad (3-9)$$

$$总效率： \quad \eta_t = \frac{p_{2,e} \cdot q_{v2,e} - p_{1,e} \cdot q_{v1,e}}{2\pi n_e T_1} \times 100\% \quad (3-10)$$

$$输出液压功率（单位为 kW）： \quad P_{2,h} = \frac{p_{2,e} \cdot q_{v2,e}}{60000} \quad (3-11)$$

$$输入机械功率（单位为 kW）： \quad P_{1,m} = \frac{2\pi n_e T_1}{60000} \quad (3-12)$$

式中　　$q_{v2,i}$——空载压力时的输出流量，L/min；

$\quad\quad q_{v2,e}$——试验压力时的输出流量，L/min；

$\quad\quad q_{v1,e}$——试验压力时的输出流量，L/min；

$\quad\quad n_e$——试验压力时的转速，r/min；

$\quad\quad n_i$——空载压力时的转速，r/min；

$\quad\quad V_{2,e}$——试验压力时的排量，mL/r；

$\quad\quad V_{2,i}$——空载排量，mL/r；

$\quad\quad p_{2,e}$——输出试验压力，kPa；

$\quad\quad p_{1,e}$——输入压力，大于大气压为正，小于大气压为负，kPa；

$\quad\quad T_1$——输入转矩，N·m。

2）结果表达。试验报告应包括试验数据和相关特性曲线。

3.1.3.3　检验规则

检验规则主要包括：

（1）检验分类。产品检验分为出厂检验和型式检验。具体为：

1）出厂检验。出厂检验指产品交货时应进行的各项检验。

2）型式检验。型式检验指对产品质量进行全面考核，即按本标准规定的技术要求进行全面检验。凡属于下列情况之一者，应进行型式检验：

①新产品或老产品转厂生产的试制定制鉴定。

②正式生产后，如结构、材料、工艺有较大改变，可能影响产品性能时。

③产品长期停产后，恢复生产时。

④出厂检验结果与上次型式检验结果有较大差异时。

⑤国家质量监督机构提出进行型式检验要求时。

（2）抽样。产品检验的抽样方案按 GB/T 2828.1 的规定执行。

注：质量监督检验抽样按有关规定进行。

1）出厂检验抽样，主要包括：

①接收质量限（AQL 值）：2.5。

②抽样方案类型：正常检验一次抽样方案。

③检查水平：特殊检查水平Ⅱ。

2）型式检验抽样，主要包括：

①接收质量限（AQL值）：2.5(6.5)。

②抽样方案类型：正常检验一次抽样方案。

③样本量：五台（两台）。

注：括号内的数值仅适用于耐久性试验。

（3）判定规则。判定规则按GB/T 2828.1的规定进行。

3.1.4 螺杆泵

3.1.4.1 试验内容

试验内容主要包括：

（1）运转试验。运转试验是对泵和泵机组装配质量的检验。具体为：

1）泵启动前，向泵内注入试验介质，并把试验系统进、出口压力调节阀门全部打开，安全阀调到关闭状态。

2）泵在规定转速下逐次升压到规定压力进行运转试验。规定压力点运行时间不少于30min。

3）检查泵运行中是否有不正常的声响及异常的振动现象，各结合面是否有外泄漏。

4）测量泵轴承部位和轴封处的温升、泄漏量。

（2）性能试验。性能试验是为了测试泵的压力、流量、轴功率，并确定泵的压力—流量、压力—轴功率、压力—效率等性能曲线。具体为：

1）性能试验应在运转试验合格后进行。

2）性能试验按试验类型的不同分为两组，性能试验Ⅰ组仅在零压力点和规定压力点上测量泵的流量和轴功率；性能试验Ⅱ组应在零压力点和规定压力范围内测量泵的流量和轴功率。

3）性能试验应从出口压力调节阀全敞开的零压力点开始进行。对性能试验Ⅱ组，测量点应均匀地分布在规定压力范围内，一般不少于六个不同压力点（其中包括零压力点）。

4）性能试验的持续时间应足够，以获得一致的结果和达到预期的试验精度。每测一个压力点应在同一时刻计量压力、流量、转速、轴功率、介质温度等，各计量值均记录三次，计算时取其算术平均值。

5）在规定压力下的流量和轴功率性能允差按表3-19和表3-20的规定分为Ⅰ级和Ⅱ级。根据试验的要求Ⅱ级精度可满足任何类型试验。仅仅在要求精度更高或电动机输出功率大于100kW时，选Ⅰ级精度。

表3-19 流量范围

规定流量范围/$m^3 \cdot h^{-1}$	流量允差/%	
	Ⅰ级	Ⅱ级
≤0.1	±10	+20 -10
>0.1~10	±5	±10
>10	±5	+10 -5

表 3-20 轴功率范围

规定轴功率范围/kW	轴功率允差/%	
	Ⅰ 级	Ⅱ 级
≤5	±25	±25
>0. 1 ~ 10	±15	+20
>10 ~ 50	+10	+15
>50	+5	+10

6）在满足规定的条件下，还应考核泵的效率指标，其下降值不得超过规定值的 5% 。

（3）安全阀试验。安全阀试验主要包括：

1）安全阀试验应在规定工况下逐渐关闭出口压力调节阀，测试安全阀全回流压力。

2）安全阀全回流压力的调整按表 3-21 的规定，当出口压力回复到规定压力时，流量不应小于规定流量。

表 3-21 安全阀全回流压力的调整

出口规定压力 p	安全阀全回流压力 p_k	出口规定压力 p	安全阀全回流压力 p_k
≤0. 5	$p + 0.25$	>6. 0 ~ 10	$1.2p$
>0. 5 ~ 1. 6	$1.5p$	>10	$1.15p$
>1. 6 ~ 6. 0	$1.3p$		

（4）汽蚀试验。汽蚀试验应在性能试验合格后进行。汽蚀试验的结果，仅为输送试验介质时的结果，不能据此来精确预测泵在输送其他介质时的汽蚀特性。

1）必需汽蚀余量 NPSHR，指在规定的工况下，为保证泵不发生汽蚀而由设计时规定的 NPSH 值。

2）汽蚀试验仅在规定性能的一个规定压力点上进行。试验时，使 NPSH 由最大值开始，逐渐降低到 NPSHR 值，在保持泵的全压力等于规定压力的同时，若流量不低于性能试验时的 2% ，则可以认为泵满足不发生汽蚀的要求。

（5）振动试验。泵的振动试验按 JB/T 8097 规定的方法进行。

（6）噪声试验。泵的噪声试验按 JB/T 8098 规定的方法进行。

（7）其他试验。泵的其他试验按技术协议或试验大纲的规定进行。

3.1.4.2 试验条件

试验条件主要包括：

（1）试验介质。试验介质需满足以下要求：

1）试验介质，若无特殊要求一般应采用石油馏分油（以下简称油介质），单螺杆泵采用常温清洁淡水（以下简称水介质）。

2）水介质的特性应符合 GB 3216—89 中 5.3 的规定，其物理性能应符合 GB 3216—89 中附录 A 的规定。

3）对油介质，规定下列黏度值为试验介质黏度值：$3mm^2/s$，$20mm^2/s$，$40mm^2/s$，$75mm^2/s$，$150mm^2/s$，$380mm^2/s$，$760mm^2/s$。

4）当试验介质黏度与规定黏度不同或因试验中液温的改变使试验介质黏度发生变化时，应按有关标准规定，将实测黏度下的试验数据换算为规定黏度下的性能参数。

（2）试验转速。试验转速需满足以下要求：

1）试验转速应采用规定转速，也可在规定转速的±5%范围内的实测转速下进行试验。

2）当实测转速与规定转速不同时，应按有关标准规定，将实测转速下的试验数据换算为规定转速下的性能参数。

（3）试验装置。试验装置主要包括：

1）试验装置需采取有效措施来保证通过测量截面的液流具有如下特性：

①轴对称的速度分布。

②等静压分布。

③无由装置引起的旋涡。

2）保证上述条件的基本措施，是在被试泵的进、出口回路上应用平直管段和具有静液面的大储油罐。

对被试泵进、出口平直管段的要求，以泵进、出口直径 D 计算，进口平直管长不小于 12D，出口平直管长不小于 4D。

（4）试验系统。试验系统需满足以下要求：

1）水介质的试验系统及装置均按 GB 3216—89 中 5.6 的规定。

2）油介质的试验系统如图 3-7，其中图 3-7（a）用于定量容器，图 3-7（b）用于流量计。

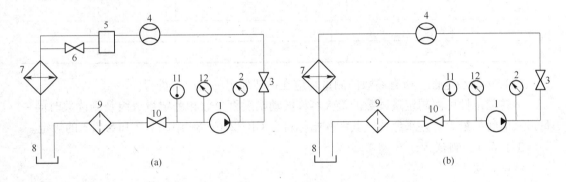

图 3-7　油介质试验系统

1—被试泵；2—出口压力计；3—出口压力调节阀；4—流量计；5—容器；6—阀门；7—油温调节器；
8—油箱；9—过滤器；10—进口压力调节阀；11—温度计；12—真空计

3.1.4.3　测试

有关测试内容主要包括：

（1）测试精度。性能试验中各参数测试的精度分为 B 级和 C 级，各级对计量仪器、仪表的容许系统误差范围，是指测得的数据以及由这些数据算出的量的误差范围，表示测得性能与实际性能之间的最大可能差异。凡是经过校准或通过与有关的国家标准相比较，证明其测量误差不超过表 3-22 规定范围的任何测试设备或方法均可使用。

表 3-22　计量仪表容许系统误差

测定量	计量仪表的容许系统误差范围/%	
	B 级	C 级
压　力	±1.0	±2.5
流　量	±1.5	±2.5
轴功率	±1.0	±2.5
原动机输入功率（对机组效率试验）	±1.0	±2.0
转　速	±0.2	±1.0

测试精度等级按 GB 3216—89 附录 D 的规定确定。

（2）最大总误差限。如果符合表 3-22 所规定的仪表系统误差并遵循 GB 3216—89 附录 D 的规定的试验方法，则可认为总的误差限将不会超过表 3-23 的规定。

表 3-23　最大总误差范围

测定量	计量仪表的最大总误差范围/%	
	B 级	C 级
压　力	±1.5	±3.5
流　量	±2.0	±3.5
轴功率	±1.5	±3.5
原动机输入功率（对机组效率试验）	±1.5	±3.5
转　速	±0.4	±1.8
泵效率	±2.8	±5.0
机组效率	±2.5	±4.5

（3）运转稳定性。所有参数的测量均应在运转稳定的情况下进行。

运转稳定性可由测定量读数的最大容许波动幅度百分数和测定量成组观测读数时同一量最大值间的最大容差来考核，其考核指标符合 GB 3216—89 中 5.7.2 和 5.7.3 的规定。

3.1.4.4　测试方法

测试方法主要包括：

（1）流量测定。泵流量的测定及流量测量不确定度的估算均需符合 GB/T 3214 的规定。

（2）压力测定。泵的压力指换算到泵基准面上的进、出口压力。卧式泵的基准面是包括主杆中心线在内的水平面。立式泵的基准面是包括吸入口中心线在内的水平面。

1）压力表。泵的压力和真空度的计量，一般采用弹簧压力表和真空压力表，压力表必须垂直安装，测压仪表的选用和精度要求均需符合 GB 3216—89 中 6.3.2 的规定。

2）取压孔。泵进、出口取压孔的位置以进、出口管径尺寸 D 计算，应位于距进、出口法兰 2D 的平直管段上。B 级试验台应为开设四个静取压孔的环形取压。

取压孔直径应为 2~6mm，长度不小于 2 倍取压孔直径，取压孔内壁边缘应清除毛刺。

（3）转速的测量。泵转速的测量按 GB 3216—89 中 6.3 的规定进行。

（4）轴功率测试。轴功率测试需要满足：

1) 轴功率测试按 GB 3216—89 中 6.4.1 和 6.4.2 的规定进行。

2) 当通过测量与泵直接连接的电动机的输入功率来确定泵的轴功率时，使用的电动机的效率应按 GB 1032 和 GB 1311 规定的方法进行确定。

（5）温度的测量。温度的测量需要满足：

1) 试验介质的温度、泵零部件的温度及环境温度的测量，均应选用精度为 ±1℃ 的温度测量仪器，若选用温度计时，刻度不大于 1℃。

2) 环境温度应在离开泵 1~2m，且无辐射和偶然流动的冷热风处测量。

3) 试验介质的温度应在进口平直管段不小于 4D 的管路内测量，温度计应与管路内流体成 45°逆流内装，且温度计的感温部分应全部置于介质中。

（6）黏度的测试。黏度的测试需满足：

1) 运动黏度的测定按 GB 265 的规定进行。

2) 试验介质的黏度应定期进行测定，并绘制黏温特性曲线。

3.1.4.5　性能参数的计算与换算

性能参数的计算与换算主要包括：

（1）流量的计算与换算。具体为：

1) 零压点规定转速流量。试验时，当进、出口压力调节阀全敞开，进、出口压力表示值近似为零的规定转速下的流量，定义为零压点规定转速流量。

若进、出口压力调节阀全敞开而出现进口压力示值为 -0.05~0.03MPa 或出口压力示值不大于 0.05MPa 时，均视为进、出口压力示值为零。

零压点规定转速流量按式 3-13 计算：

$$Q_{0n} = Q_0 \frac{n}{n_0} \tag{3-13}$$

$$Q_0 = 3600 \frac{V_0}{t_0} \tag{3-14}$$

2) 当试验转速、黏度与规定转速、黏度不同时，流量按式 3-15、式 3-16 换算：

①对水介质

$$Q_{\text{in}} = Q_i \frac{n}{n_i} \tag{3-15}$$

②对油介质

$$Q_{\text{in}} = \left[Q_0 - (Q_0 - Q_i) \left(\frac{v_i}{v} \right)^K \right] \frac{n}{n_i} \tag{3-16}$$

$$Q_i = 3600 \frac{V_i}{t_i} \tag{3-17}$$

式中　K——换算系数，当 $v_i \leqslant v$ 时，$K = 0.5$；当 $v_i > v$ 时，$K = 0.25$。

（2）压力的计算与换算。具体为：

1) 出口压力：

$$p_d = G_d + \rho g Z_d \times 10^{-6} \tag{3-18}$$

式中　Z_d——出口压力表中心至基准面的垂直距离，当采用压力传感器时，Z_d 为测压点至泵基准面的垂直距离，当压力表中心或传感器测压点低于泵基准面时，Z_d 为负值。

2）进口压力：

$$p_s = G_s + \rho g Z_s \times 10^{-6} \tag{3-19}$$

式中　G_s——若由倒灌或增压装置形成高于大气压力时应为正值；若由抽吸或倒灌但通过进口压力调节阀形成真空时应为负值；

Z_s——进口真空表中心至基准面的垂直距离，当采用压力传感器时，Z_s 为测压点至泵基准面的垂直距离，当真空表中心或传感器测压点低于泵基准面时，Z_s 为负值。

3）全压力：

$$p_i = p_d - p_s = (G_d - G_s) + \rho g(Z_d - Z_s) \times 10^{-6} \tag{3-20}$$

若 $\rho g(Z_d - Z_s) \times 10^{-6} < \dfrac{p}{100}$，$\rho g(Z_d - Z_s) \times 10^{-6}$ 可忽略不计，这时

$$p_i = G_d - G_s \tag{3-21}$$

（3）轴功率的计算与换算。具体为：

1）实测轴功率的计算如表 3-24 所示。

表 3-24　轴功率计算公式

测 功 方 法	轴功率计算公式	
天平式测功机（当力臂长为 0.974m 时）	$P_i = \dfrac{w_{ni}}{9806}$	(3-22)
扭矩式测功机	$P_i = \dfrac{T_{ni}}{9550}$	(3-23)
试验电动机电功率计（当已知电动机效率时）	$P_i = P_{gr}\eta_{noi}$	(3-24)

2）零压点规定转速下轴功率按式 3-25 计算：

$$P_{0n} = P_0 \frac{n}{n_0} \tag{3-25}$$

3）当试验转速、黏度与规定转速、黏度不同时，轴功率按式 3-26、式 3-27 换算：

①对水介质

$$P_{in} = P_i \frac{n}{n_i} \tag{3-26}$$

②对油介质

$$P_{in} = \left[(P_i - P_0) + P_0 \left(\frac{v}{v_i} \right)^{0.3} \right] \frac{n}{n_i} \tag{3-27}$$

4）泵输出功率按式 3-28 计算：

$$P_u = \frac{1}{3.6} P_i Q_{in} \tag{3-28}$$

（4）效率的计算。具体为：

1）容积效率按式 3-29 计算：

$$\eta_V = \frac{Q_{in}}{Q_{0n}} \times 100\% \tag{3-29}$$

2）泵效率按式 3-30 计算：

$$\eta = \frac{P_u}{P_{in}} \times 100\% \tag{3-30}$$

（5）流量、轴功率偏差的计算。具体为：

1）流量偏差按式 3-31 计算：

$$\Delta Q = \left(1 - \frac{Q_{in}}{Q}\right) \times 100\% \tag{3-31}$$

2）轴功率偏差按式 3-32 计算：

$$\Delta P = \left(\frac{P_{in}}{P} - 1\right) \times 100\% \tag{3-32}$$

3.1.4.6 试验报告

试验后应提出试验记录单和性能曲线。

3.2 液压马达

3.2.1 液压马达

3.2.1.1 试验装置和试验条件

试验装置与试验条件主要包括：

（1）液压马达的试验系统。液压马达的试验系统如图 3-8 所示。

（2）一般要求。试验的一般要求包括：

1）试验装置应有放气措施，以便在试验前排除系统中的全部自由空气。

2）设计、安装试验装置时，应充分考虑人员和设备的安全。

3）被试元件的进、出油口与压力、温度测量点之间的管道应为直硬管，管道应均匀并与进、出油口尺寸一致。

4）当被试元件进、出油管路中有压力控制阀、接头、弯头等影响压力测量精度时，则其安装位置离压力测量点的距离，在进口处不小于 10d，在出口处不小于 5d（d 为被试元件进、出油口的通径）。

5）管道中压力测量点的位置应设置在离被试元件进、出油口端面的（2~4）d 处。如果该处有影响压力稳定等因素，允许将测量点的位置移动至更远处，但要考虑管路的压力损失。

6）管道中温度测量点的位置应设置在离压力测量点（2~4）d 处。

7）在试验系统中应安装满足被试元件过滤精度要求的滤油器。

8）当采用充气油箱来提高被试元件的进口压力时，则应采取适当措施尽量减少吸入

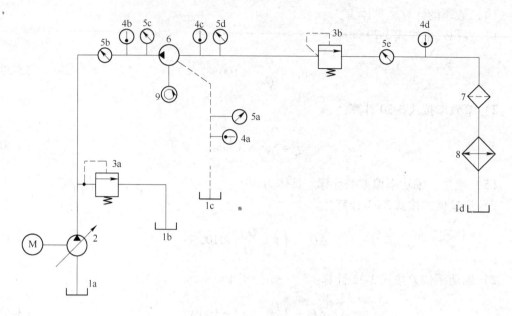

图 3-8　液压马达的试验系统

1—油箱；2—变量泵；3—溢流阀；4—温度计；5—压力计；6—定量马达；7—过滤器；8—冷却器；9—转速仪

或溶入的空气。

（3）工作介质。工作介质需满足以下要求：

1）工作介质应为 GB 2512—81《液压油类产品的分组、命名和代号》中规定的液压传动系统用液压油，其液压油的黏度应满足被试元件正常工作的要求。

2）应标明试验所用工作介质在控制温度下的运动黏度 ν 和密度 ρ。

（4）温度。温度需要满足：

1）试验过程中，除特殊要求外，被试元件进口油温度控制在 5℃，其油温变动范围应符合表 3-25 的规定。

表 3-25　允许温度变化范围

测试精度	A	B	C
油温允许变动范围/℃	±1.0	±2.0	±4.0

2）在试验过程中应记录下述温度的测量值：

①被试元件进口油温。

②被试元件出口油温。

③流量测量处的油温。

④环境温度（离被试元件 2m 范围内）。

（5）壳体压力。当被试元件壳体内腔的油压影响其性能时，试验中应将壳体内腔的油压控制在该元件所允许的压力范围内，并应予以记录。

（6）稳态条件。测量参数的显示值在表 3-26 规定的范围内变动时为稳态条件，在稳态条件下测量压力、流量、转速的显示值。

表 3-26 稳态条件参数范围

测量内容测试精度		允许变动范围		
		A	B	C
转速/%		±0.5	±1.0	±2.0
流量/%		±0.5	±1.0	±2.5
压力/%	表压小于 0.2MPa	±1.0	±3.0	±5.0
	表压大于或等于 0.2MPa	±0.5	±1.5	±2.5

注：表 3-26 列出的允许变动范围，指从仪器上显示出来的读数变动量，而不是仪器读数的误差限度。

（7）测量。测量过程需满足的要求有：

1）测量分 A，B，C 三个测试精度，每一测试精度的测量允许误差必须符合表 3-27 的规定。

表 3-27 精度范围

测量内容测试精度		允许变动范围		
		A	B	C
转速/%		±0.5	±1.0	±2.0
流量/%		±0.5	±1.0	±2.5
压力/%	表压小于 0.2MPa	±1.0	±3.0	±5.0
	表压大于或等于 0.2MPa	±0.5	±1.5	±2.5
温度/℃		±0.5	±1.0	±2.0

2）测量每个设定点的压力、流量、转速时，应同时测量，测量次数不少于 3 次。

3.2.1.2 试验程序

试验程序主要包括：

（1）跑合运转。被试元件在试验前应按制造单位或设计的规定进行跑合运转。

（2）液压马达空载排量试验。具体包括：

1）根据测试精度要求，按表 3-27 规定设定相应的试验转速。在同一试验中，液压马达的输出转速应保持恒定。

2）测量液压马达在空载稳态工况下设定转速的流量 q 和转速 n。

3）对于无级变量马达应在最大排量和其他要求的排量，如最大排量的 75%，50%，25% 的工况下进行上述试验。对于排量小于最大排量的试验，其输入压力允许适当增加。

4）对于有双向运转功能的液压马达应在两个转向下进行上述试验。

3.2.1.3 试验数据处理

试验数据处理主要包括：

（1）一般要求。数据处理的一般要求为：

1）记录流量与转速成比例的范围，在此范围内当测量数据与制造厂规定排量值不符时应提高液压泵的输入压力或液压马达的输出压力后重新试验。

2）在核实空载排量时，如出现可疑值，应在相同条件下重新试验。

（2）空载排量的计算。具体包括：

1）用于计算的空载排量的流量、转速值，是按 3.2.1.2 小节第（2）点第 2）条要求各次测量的算术平均值。

2）液压泵空载排量按下式计算：

$$V_i = 1000 \frac{q_{v_2,e}}{n} \tag{3-33}$$

液压马达空载排量按下式计算：

$$V_i = 1000 \frac{N(\sum\limits_{j=1}^{N} n_j q_{v_1,e_j}) - (\sum\limits_{j=1}^{N} n_j)(\sum\limits_{j=1}^{N} q_{v_1,e_j})}{N(\sum\limits_{j=1}^{N} n_j^2) - (\sum\limits_{j=1}^{N} n_j)^2} \tag{3-34}$$

式中　　V_i——空载排量，mL/r；

　　　　n——实际转速，r/min；

　　　　N——转速测量挡数；

　　　$q_{v_1,e}$——有效输入流量，L/min：

$$q_{v_1,e} = q_{v_2,e} + q_{vd}$$

　　　$q_{v_2,e}$——有效输出流量，L/min；

　　　　q_{vd}——泄漏流量，L/min。

3.2.2　低速大扭矩液压马达

3.2.2.1　一般技术要求

一般技术要求主要包括：

（1）公称压力系列应符合 GB 2346 的规定。

（2）公称排量系列应符合 GB 2347 的规定。

（3）安装法兰与轴伸的尺寸应符合 GB/T 2353.2 的规定。

（4）螺纹连接油口型式与尺寸应符合 GB 2878 的规定。

（5）其他技术要求应符合 GB 7935—87 中 1.2 ~ 1.4 的规定。

注：引进产品和老产品的安装法兰与轴伸的尺寸和油口尺寸按有关规定执行。

3.2.2.2　使用性能

使用性能主要包括：

（1）排量。空载排量应在几何排量的 95% ~ 110% 范围内。

（2）容积效率和总效率。在额定工况下，容积效率和总效率应符合表 3-28 的规定。

表 3-28　容积效率和总效率

项　目		公称排量 $V/\text{L} \cdot \text{r}^{-1}$										
		≤0.02	>0.02 ~0.056	>0.063 ~0.14	>0.16 ~0.28	>0.315 ~0.56	>0.63 ~1.00	>1.25 ~2.80	>3.15 ~7.10	>8.00 ~12.50	>16.00 ~25.00	>25.00
内曲线 径向 柱塞马达	容积效率/%				≥93		≥92		≥91		≥90	
	总效率/%				≥85					≥84		≥83
	最低转速/r·min⁻¹				≤5		≤4		≤3		≤2	
	启动效率/%				≥80							
	噪声/dB（A）				≤84		≤82		≤80			

项　目		公称排量 V/L·r⁻¹										
		≤0.02	>0.02~0.056	>0.063~0.14	>0.16~0.28	>0.315~0.56	>0.63~1.00	>1.25~2.80	>3.15~7.10	>8.00~12.50	>16.00~25.00	>25.00
曲轴连杆径向柱塞马达	容积效率/%	≥92							≥91			
	总效率/%	≥83						≥84				
	最低转速/r·min⁻¹				≤20	≤18	≤15	≤12	≤9	≤7		
	启动效率/%	≥75										
	噪声/dB(A)	≤82						≤80				
轴连杆径向柱塞马达	容积效率/%	≥92		≥91								
	总效率/%	≥74			≥78		≥82					
	最低转速/r·min⁻¹	≤40	≤30	≤25		≤18						
	启动效率/%	≥75										
	噪声/dB(A)	≤85			≤83							
径向钢球马达	容积效率/% 单速					≥92						
	容积效率/% 双速					≥91						
	总效率/% 单速					≥85						
	总效率/% 双速					≥83						
	最低转速/r·min⁻¹						≤6		≤5	≤4		
	启动效率/%					≥78						
	噪声/dB(A)					≤81						
双斜盘轴向柱塞马达	容积效率/%				≥92		≥91		≥90			
	总效率/%				≥83		≥83		≥84			
	最低转速/r·min⁻¹				≤15		≤10					
	启动效率/%	≥75										
	噪声/dB(A)				≤82		≤81		≤80			

（3）启动效率。在额定压力下的最小启动效率应符合表 3-28 的规定。

（4）低速性能。在最大排量、额定压力和规定背压条件下，液压马达的最低转速应符合表 3-28 的规定。

（5）噪声。噪声值应符合表 3-28 的规定。

（6）低温性能。在低温试验过程中不得有异常现象。

（7）高温性能。在高温试验过程中不得有异常现象。

（8）超速性能。在超速试验过程中不得有异常现象。

（9）外渗漏。具体为：

1）静密封：不得渗油。

2）动密封：3h 内不得滴油。

（10）耐久性。具体包括：

1）耐久性试验按下述方案执行：

满载试验 1000h，换向试验 50000 次，超载试验 10h。

注：有特殊要求者可按专用技术规范进行。

2）耐久性试验后，容积效率下降值不得大于 3 个百分点；零件不得有异常磨损和其他形式的损坏。

3.2.2.3　试验方法

试验方法主要包括：

（1）试验回路。试验回路原理如图 3-9 所示。

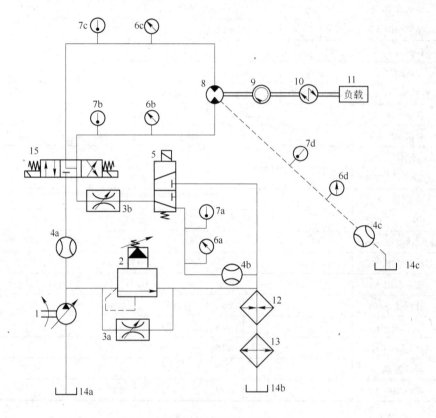

图 3-9　试验回路原理

1—液压泵；2—溢流阀；3—调速阀；4—流量计；5—换向阀；6—压力计；7—温度计；8—被试马达；
9—转速仪；10—转矩仪；11—负载；12—加热器；13—冷却器；14—油箱；15—电磁换向阀

（2）测量点位置。各测量点位置具体要求为：

1）压力测量点的位置。设置在距离被试马达进口、出口的 $(2 \sim 4)d(d$ 为管路通径）处。试验时，允许将测量点的位置移至距被试马达更远处，但必须考虑管路的压力损失。

2）温度测量点的位置。设置在距离侧压点 $(2 \sim 4)d(d$ 为管路通径）处，比测压点更远离被试马达。

3）噪声测试点的位置。测量的位置和数量需符合 GB 3767—83 中 6.5 的规定。

（3）试验用油。试验用油需满足：

1）黏度：40℃时的运动黏度为 $42 \sim 47 mm^2/s$（特殊要求另行规定）。

2）油温：除明确规定外，型式试验在 50℃ ±2℃下进行；出厂试验在 50℃ ±4℃下进行。

3）清洁度等级：试验用油液的固体颗粒污染度等级代号不得高于19/16。

（4）稳态工况。稳态工况具体包括：

1）各参量平均显示值的变化范围符合表3-29规定时为稳态工况。在稳态工况下应同时测量每个设定点的各参量（压力、流量、转矩、转速等）。

表3-29 准确度

测 量 参 量	各测量准确度等级对应的各参量平均显示值的变化范围		
	A	B	C
压力（表压力 $p < 0.2$ MPa 时）/kPa	±1.0	±3.0	±5.0
压力（表压力 $p \geq 0.2$ MPa 时）/%	±0.5	±1.5	±2.5
流量/%	±0.5	±1.5	±2.5
转矩/%	±0.5	±1.0	±2.0
转速/%	±0.5	±1.0	±2.0

注：型式试验不得低于B级测量准确度，出厂试验不得低于C级测量准确度。

2）测量准确度。测量准确度等级分为A、B、C三级，测量系统的允许系统误差应符合表3-30的规定。

表3-30 允许系统误差

测 量 参 量	各准确度等级对应的测量系统的允许系统误差		
	A	B	C
压力（表压力 $p < 0.2$ MPa 时）/kPa	±1.0	±3.0	±5.0
压力（表压力 $p \geq 0.2$ MPa 时）/%	±0.5	±1.5	±2.5
流量/%	±0.5	±1.5	±2.5
转矩/%	±0.5	±1.0	±2.0
转速/%	±0.5	±1.0	±2.0
温度/%	±0.5	±1.0	±2.0

注：型式试验不得低于B级测量准确度，出厂试验不得低于C级测量准确度。

（5）试验项目和试验方法。试验项目和试验方法主要包括：

1）气密性检查。气密性检查和跑合应在元件试验前进行。在被试马达内腔充满0.16MPa的干净气体，浸没在防锈液中停留1min以上。

2）跑合。跑合应在试验前进行。在额定转速下，从空载压力开始逐级加载，分级跑合。跑合时间与压力分级应根据需要确定，其中额定压力下的跑合时间应不小于两分钟。

3）出厂试验。出厂试验项目与试验方法如表3-31所示规定。

表3-31 出厂试验项目与试验方法

序号	试验项目	内容和方法
1	空载排量验证试验	在最大排量、额定转速、空载压力工况下，测量排量值
2	容积效率试验	在额定转速、额定压力下测算容积效率

序号	试验项目	内容和方法
3	超载性能试验	在最大排量、额定转速工况下，以最高压力或额定压力的 125%（选其中高者）运转 1min 以上
4	外渗漏检查	在上述试验全过程中，检查各部位渗漏情况

4）型式试验。型式试验项目与试验方法需符合表 3-32 的规定。

表 3-32　型式试验项目与试验方法

序号	试验项目	试验内容和方法	备　注
1	排量验证试验	按 GB/T 7936 的规定进行	
2	效率试验	1. 在最大排量工况下 1）在额定转速、额定压力的 25% 下，待运转稳定后测量流量等一组数据，然后逐级加载，按上述方法分别测量从额定压力 25% 至额定压力间 6 个以上等分的试验压力点的各组数据； 2）在最高转速和约为额定转速的 85%，70%，55%，40%，25% 时，分别测量上述各试验压力点的各组数据； 3）反向试验方法和正向试验方法相同。 2. 双速或多速变量马达，除低速（最大排量）外，其余几级速度仅要求测量在额定压力的 100%，50% 各级的容积效率和输出扭矩； 3. 马达进口油温在 20～35℃和 70～80℃条件下，分别测量在额定转速、最大排量时，从空载压力至额定压力范围内 7 个以上等分压力点的容积效率； 4. 绘制等效率特性曲线和综合性能曲线； 5. 绘制油温为 20～35℃和 70～80℃时的效率曲线	
3	启动扭矩试验	采用恒扭矩启动方法或恒压力启动方法，在最大排量工况下，以不同的恒定扭矩或恒定压力值，分别测量马达抬出轴不同的相位角以及正反方向在额定压力的 25%，75%，100% 和规定背压条件下的启动压力或扭矩，计算启动效率	
4	低速性能试验	在最大排量、额定压力和规定背压的条件下，以逐级降速和升速的方法分别重复测量正、反方向不爬行的最低稳定转速； 按上述方法分别测量从额定压力的 50% 至额定压力之间 4 个等分压力点的最低转速，各试验压力点在正、反转向各试验 5 次以上	
5	噪声试验	在最大排量、额定转速和规定背压条件下，分别测量 3 个常用压力级（包括额定压力）的噪声值； 按上述方法分别测量最高转速、额定转速的 70% 各工况下的噪声值	1. 背景噪声应比被试马达实测噪声低 10dB（A）以上，否则应进行修正； 2. 本项目为考察项目
6	低温试验	被试马达温度和进口油温低于 −20℃以下在空载压力工况下，从低速至额定转速分别进行启动试验 5 次以上； 油液黏度根据设计要求	可在工业试验中进行

序号	试验项目	试验内容和方法	备 注
7	高温试验	在额定工况下进口油温 90℃以上时，连续运转 1h 以上； 油液黏度根据设计要求	
8	超速试验	在最大排量、最高转速或额定转速 125%（选其中高者）工况下，分别以空载压力和额定压力做连续运转试验 15min	
9	连续超载试验	在额定转速、最大排量的工况下，以最高压力或额定压力的 125%（选其中高者）做连续运转 1min 以上； 试验时，进口油温为 30～60℃，连续运转 10h 以上	
10	连续换向试验	在额定工况下，以 1/12Hz（一个往复为一次）以上的频率做正、反转换向试验； 单向运转马达允许以频率 1/6～1/2Hz 的冲击试验代替，冲击波形见有关规定	
11	连续满载试验	在额定工况下，进口油温为 30～60℃时做连续运转 1min 以上	
12	效率检查	完成上述规定项目试验后，测量额定工况下的容积效率和总效率	
13	外渗漏检查	将被试马达擦干净，如有个别部位不能一次擦干净，运转后产生"假"渗漏现象，允许再次擦干净。 1. 静密封：将干净的吸水纸压贴于静密封部位，然后取下，纸上有油迹即为渗油； 2. 动密封：在动密封部位下放置白纸，规定时间内纸上如有油滴即为漏油	

注：试验项目序号 9～11 属于耐久性试验项目。

（6）试验数据处理和结果表达。试验数据处理和结果表达主要内容包括：

1）数据处理。利用试验数据和下列计算公式，计算出被试泵的相关性能指标。

容积效率：
$$\eta_V = \frac{V_{1,e}}{V_{1,i}} = \frac{q_{v1,e}/n_e}{q_{v1,i}/n_i} = \frac{(q_{v2,e} + q_{vd,e})/n_e}{(q_{v2,i} + q_{vd,i})/n_i} \times 100\% \qquad (3-35)$$

总效率：
$$\eta_t = \frac{p_{1,e} \times q_{v1,e} - p_{2,e} \times q_{v2,e}}{2\pi n_e T_2} \times 100\% \qquad (3-36)$$

输出液压功率（单位为 kW）：
$$P_{2,h} = \frac{p_{2,e} \times q_{v2,e}}{60} \qquad (3-37)$$

输入机械功率（单位为 kW）：
$$P_{1,m} = \frac{2\pi n_e T_2}{60} \qquad (3-38)$$

恒扭矩启动效率：
$$\eta_0 = \frac{\Delta p_{i,mi}}{\Delta p_e} \times 100\% \qquad (3-39)$$

恒压力启动效率：
$$\eta_0 = \frac{T_e}{T_i} \times 100\% \qquad (3-40)$$

最小恒扭矩启动效率： $\eta_0 = \dfrac{\Delta p_{i,mi}}{\Delta p_{e,max}} \times 100\%$ (3-41)

最小恒压力启动效率： $\eta_0 = \dfrac{T_{e,min}}{T_{i,mi}} \times 100\%$ (3-42)

式中 $V_{1,e}$——试验压力时的排量，mL/r；

　　　　$V_{1,i}$——空载压力时的排量，mL/r；

　　　　$q_{v1,i}$——空载压力时的输入流量，L/min；

　　　　$q_{v2,i}$——空载压力时的输出流量，L/min；

　　　　$q_{v2,e}$——试验压力时的输出流量，L/min；

　　　　$q_{v1,e}$——试验压力时的输入流量，L/min；

　　　　$q_{vd,i}$——空载压力时的泄漏流量，L/min；

　　　　$q_{vd,e}$——试验压力时的泄漏流量，L/min；

　　　　n_e——试验压力时的转速，r/min；

　　　　n_i——空载压力时的转速，r/min；

　　　　$p_{2,e}$——输出试验压力，kPa；

　　　　$p_{1,e}$——输入压力，大于大气压为正，小于大气压为负，kPa；

　　　　T_2——输出转矩，N·m；

$\Delta p_{i,mi}$——试验中测得的扭矩值所对应的压差，$\Delta p_{i,mi} = \dfrac{2\pi}{V_i} \times T_e$，MPa；

　　　　T_e——对应某一给定的压力值所测得的扭矩值，N·m；

　　　Δp_e——相应的压差值，MPa；

　　　　T_i——输入扭矩，$T_i = (V_1 \times p_{1,e})/2\pi$，N·m；

$\Delta p_{e,max}$——对应某一给定的扭矩值所测得的最大压差值，MPa；

　　$T_{e,min}$——对应某一给定的压力值所测得的最小扭矩值，N·m；

　　$T_{i,mi}$——试验时的压力差对应不同输入排量的扭矩，$T_{i,mi} = \dfrac{1}{2\pi} \times V_i \times p_e$，N·m；

　　　　p_e——试验时施加的压力差，$p_e = p_{1,e} - p_{2,e}$，MPa。

2）结果表达。试验报告应包括试验数据和相关特性曲线。

3.2.2.4 · 检验规则

检验规则包括：

（1）检验分类。产品检验分为出厂检验和型式检验。

1）出厂检验。出厂检验指产品交货时必须逐台进行的各项试验。

2）型式检验。型式检验指对产品质量进行全面考核，即按本标准规定的技术要求进行全面检验。凡属于下列情况之一者，应进行型式检验：

①新产品或老产品转厂生产的试制定制鉴定。

②正式生产后，如结构、材料、工艺有较大改变，可能影响产品性能时。

③正常生产时，定期（一般为5年）或累积一定产量后周期性检验一次。

④产品长期停产后，恢复生产时。

⑤出厂检验结果与上次型式检验结果有较大差异时。

⑥国家质量监督机构提出进行型式检验要求时。

（2）抽样。产品检验的抽样方案按 GB 2828 的规定进行。

1）型式试验检查。具体为：

①合格质量水平（AQL 值）：2.5。

②抽样方案类型：正常检查一次抽样方案。

③检查水平：5 台。

注：耐久性试验样本数允许酌情减少。

2）内部清洁度检查。具体为：

①合格质量水平（AQL 值）：2.5。

②抽样方案类型：正常检查一次抽样方案。

③检查水平：S-2。

3）零件加工质量检查。具体为：

①关键特性（A 级）：

合格质量水平（AQL 值）：1.0。

抽样方案类型：正常检查二次抽样方案。

检查水平：Ⅰ。

②重要特性（B 级）：

合格质量水平（AQL 值）：6.5。

抽样方案类型：正常检查二次抽样方案。

检查水平：Ⅰ。

4）判定规则。按 GB 2828 规定执行。

3.3 控制阀

3.3.1 方向控制阀

3.3.1.1 试验装置

试验装置主要包括：

（1）试验回路。具体为：

1）图 3-10 ~ 图 3-13 为基本试验回路，允许采用包括两种和多种条件的综合回路。

2）油源的流量应能调节。油源流量应大于被试阀的公称流量。油源的压力脉动量不得大于 ±0.5MPa。

3）允许在给定的基本试验回路中增设调节压力和流量的元件，以保证试验系统安全工作。

4）与被试阀连接的管道和管接头的内径和被试阀的公称通径相一致。

（2）测压点的位置。各测压点位置需满足以下要求：

1）进口测压点的位置。进口测压点应设置在扰动源（如阀、弯头）的下游和被试阀上游之间。距扰动源的距离应大于 $10d$，距被试阀的距离为 $5d$。

2）出口测压点的位置。进口测压点应设置在被测阀下游 $10d$ 处。

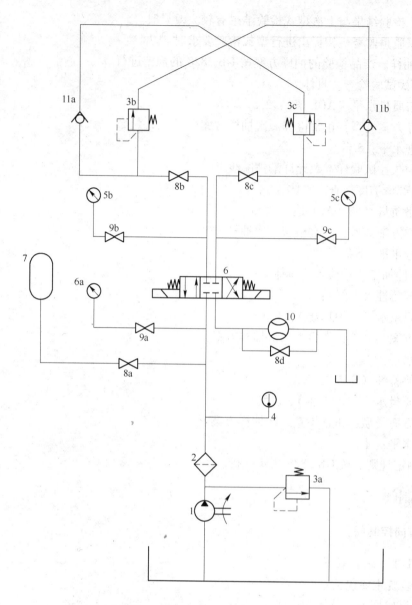

图 3-10　电磁换向阀试验回路

1—液压泵；2—过滤器；3—溢流阀；4—温度计；5—压力计；6—被试阀；
7—蓄能器；8—截止阀；9—压力开关；10—流量计；11—单向阀

3）按 C 级精度测试时，若测压点的位置与上述要求不符，应给出相应修正值。

（3）测压孔。主要包括：

1）测压孔直径不得小于 1mm，不得大于 6mm。

2）测压孔长度不得小于测压孔直径的两倍。

3）测压孔中心线和管道中心线垂直，管道内表面与测压孔的交角处应保持尖锐，但不得有毛刺。

4）测压点和测压仪表之间的连接管道的直径不得小于 3mm。

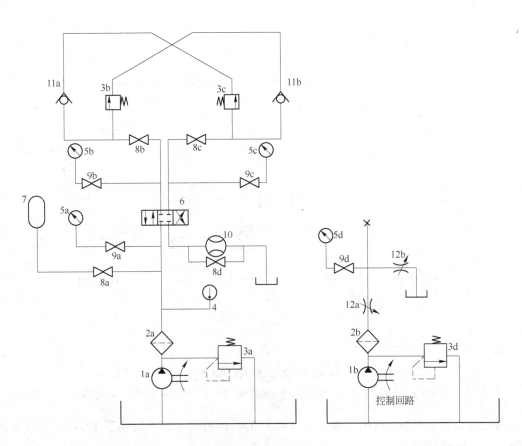

图 3-11 电液换向阀、液动换向阀、手动换向阀试验回路

1—液压泵；2—过滤器；3—溢流阀；4—温度计；5—压力计；6—被试阀；7—蓄能器；
8—截止阀；9—压力开关；10—流量计；11—单向阀；12—节流阀

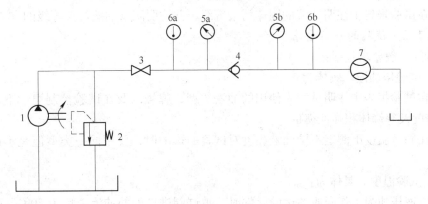

图 3-12 直接作用式单向阀试验回路

1—液压泵；2—溢流阀；3—截止阀；4—被试阀；5—压力计；6—温度计；7—流量计

5）测压点和测压仪表连接时，应排除连接管道中的空气。

（4）温度测量点的位置。温度测量点应设置在被试阀进口测压点上游 $15d$ 处。

（5）油液固体污染等级。主要包括：

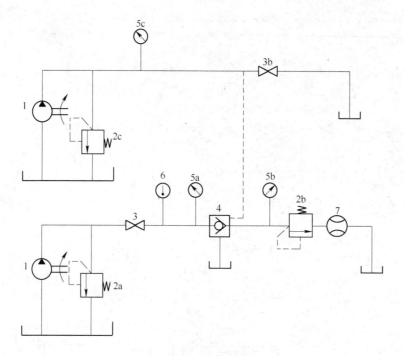

图 3-13   液控单向阀试验回路

1—液压泵；2—溢流阀；3—截止阀；4—被试阀；5—压力计；6—温度计；7—流量计

1）在试验系统中，所用的液压油（液）的固体污染等级不得高于 19/16。有特殊试验要求时可另作说明。

2）试验时，因淤塞现象而使在一定时间间隔内对同一参数进行数次测量所测得的量值不一致时，要提高过滤器的过滤精度，并在试验报告中注明此时时间间隔值。

3）在试验报告中注明过滤器的安装位置，类型和数量。

4）在试验报告中注明油液的固体污染等级，并注明测量油液污染等级的方法。

3.3.1.2   试验的一般要求

试验的一般要求包括：

（1）试验用油液。具体为：

1）在试验报告中注明试验中使用的油液类型，牌号以及在试验控制温度下的油液的黏度和密度及等熵体积弹性模量。

2）在同一温度下测定不同油液黏度对试验的影响时，要用同一类型但是不同黏度的油液。

（2）试验温度。具体为：

1）以液压油为工作介质的试验元件时，被试阀进口处的油液温度为 50℃，采用其他油液为工作介质或有特殊规定时可另作说明，在试验报告中注明实际的试验温度。

2）冷态启动试验时，油液温度为 25℃，在试验开始前把试验设备和油液温度保持在同一温度，试验开始以后允许油液温度上升。在试验报告中记录温度，压力和流量对时间的关系。

（3）稳态工况。具体包括：

1）被控参数在表 3-33 规定范围内变化时为稳态工况。在稳态工况时记录试验参数的测量值。

表 3-33　被控参数平均指示值允许变化范围

被 控 参 数	各测试等级对应被控参数平均指示值允许变化范围		
	A	B	C
流量/%	±0.5	±1.5	±2.5
压力/%	±0.5	±1.5	±2.5
温度/℃	±1.0	±2.0	±4.0
黏度/%	±5.0	±10.0	±15.0

2）被测参数测量读数点的数目和所取读数的分布，应能反映被试阀在全范围内的性能。

3）为保证试验结果的重复性，应规定测量时间间隔。

（4）耐压试验。具体包括：

1）被试阀进行试验前应进行耐压试验。

2）耐压试验时，对各承压油口施加耐压试验压力。耐压试验压力为该油以每秒 2% 耐压试验压力的速率递增，保持 5min，不得有外渗漏。

3）耐压试验时，各泄油口和油箱相连。

3.3.1.3　试验内容

试验内容主要包括：

（1）电磁换向阀。具体为：

1）试验回路。典型的试验回路如图 3-10 所示。为减小换向阀试验时的压力冲击，在不改变试验条件的情况下允许使用蓄能器。为保护流量器 10，在不测量时可打开阀 8d。

2）稳态压差—流量特性试验。按 GB 8107 液压阀压差流量特性试验方法中的有关规定进行试验。

3）内部泄漏量试验。内部泄漏量试验的目的、条件及试验方法为：

①试验目的。本试验是为了测定方向阀在某一工作状态时，具有一定压力差又互不影响。

②试验条件。试验时，每次施加在各油口上的压力应该一致，并进行记录。

③试验方法。当电磁铁温度符合要求后，在试验期间使电磁铁线圈电压比额定电压低 10%。

将被试阀处于某种通断状态，完全打开溢流阀 3c（或 3a），使压力计 5b（或 5c）的指示压力为最小负载压力，并使通过被试阀的流量从小逐渐加大到某一规定的最大流量值，记录各流量值对应的压力计 5a 的指示压力。在直角坐标纸上画出所要求的曲线。

调定溢流阀 3a 及 3c（或 3b），使压力计 5a 的指示压力为被试阀的公称压力。逐渐加大通过被试阀的流量，使换向阀换向，当达到某一流量，换向阀不能正常换向时，降低压力计 5a 的指示压力直到能正常换向为止。按此方法试验，直到某一规定的流量为止。

从重复试验得到的数据中确定换向阀工作范围的边界值。重复试验次数不得少于 6 次。

4）瞬态响应试验。瞬态响应试验的目的、条件及试验方法为：

①试验目的。本试验是为了测电磁换向阀在换向时的瞬态响应特征。

②试验条件。被试阀输出侧的回路容积应为封闭容积，在试验前充满油液。在试验报告中记录封闭油液的大小，容腔及管道材料。

在电磁铁的额定电压和规定的电磁铁温度条件下进行试验。

③试验方法。调定溢流阀3a及3c（或3b），使压力计5a的指示压力为被试阀的试验压力。调节流量，使通过被试阀的流量为公称压力下换向阀上所对应流量的80%。调整好后，接通或者切断电磁铁的控制电压。

从表示换向阀阀芯位移对加于电磁铁上的换向信号的响应而记录的瞬态响应曲线中确定滞后时间 t_5 和 t_6，响应时间 t_7 和 t_8。

（2）电液换向阀，液动换向阀，手动换向阀，机动换向阀。具体为：

1）试验回路。典型的试验回路如图3-11所示。1a为主回路油源，1b为控制回路油源。

试验回路的其他要求见3.3.1.3小节，第（1）点第1）条。

2）稳态压差—流量特性试验。同电磁换向阀，详见3.3.1.3小节，第（1）点第2）条。

3）内部泄漏量试验。同电磁换向阀，详见3.3.1.3小节，第（1）点第3）条。

4）工作范围。具体包括：

①试验目的。本试验是为了测定电液换向阀，液动换向阀能正常换向时的最小控制压力 p_x 的边界值范围。测定手动液换向阀，机动换向阀能正常换向时的最小控制压力的边界值范围。

注：正常换向是指换向信号发出后，换向阀阀芯能在位移两个方向上全行程移动。

②试验条件。同电磁换向阀。

③试验方法。在被试阀的公称压力和公称流量的范围内进行试验，在试验报告中记录试验采用的流量和压力的范围值。

调定溢流阀3a及3c（或3b），使压力计5a的指示压力为被试阀的公称压力。测定被试阀在通过不同流量时最小控制压力和最小控制力。在直角坐标系上画出工作范围曲线（当被试阀的控制压力或控制力大于最小控制压力或最小控制力时被试阀均能正常换向）。

对于电液换向阀，当电磁铁温度符合要求后，在试验期间使电磁铁线圈电压比额定电压低10%。

对于液动换向阀，根据规定进行下列试验中的一项或者两项：

逐步增加控制压力，递增速率每秒不得超过主阀公称压力的2%。

阶跃的增加控制压力，其速率不得低于700MPa/s。

从重复试验得到的数据中确定换向阀的最小控制压力或最小控制力的边界值。重复试验次数不得少于6次。

5）瞬态响应试验。瞬态响应试验的目的、条件及试验方法为：

①试验目的。本试验是为了测电液换向阀和液动换向阀在换向时主阀的瞬态响应特性。

②试验条件。被试阀输出侧的回路容积应为封闭容积，在试验前充满油液。在试验报

告中记录封闭油液的大小，容腔及管道材料。

对于电液换向阀，在电磁铁的额定电压和规定的电磁铁温度条件下进行试验。

对于液动换向阀，控制回路中压力变化率应能使液动阀迅速动作。

③试验方法。调定压力阀 3a 及 3c（或 3b），使压力计 5a 的指示压力为被试阀的试验压力。通过流量为被试阀的公称流量，使换向阀换向。

记录阀芯位移或输出压力的响应曲线，确定滞后时间及响应时间。

（3）单向阀。具体为：

1）试验回路。直接作用式单向阀试验回路如图 3-12 所示。液控单向阀试验回路如图 3-13 所示。

当流动方向由 A 口到 B 口时，在控制油口 X 上施加或者不施加压力的情况下进行试验。当流动方向由 A 口到 B 口时，则在控制油口上施加压力的情况下进行试验。

2）稳态压差-流量特性试验。按 GB 8107 的有关规定进行试验，并绘制稳态压差—流量特性曲线。

3）直接作用式单向阀最小开启压力 p_{omin} 试验。本试验目的是为了测试直接作用式单向阀的最小开启压力。

在被试阀 4 的压力为大气压时，使 A 口压力 p_A 由零逐步升高，直到 p_B 有油液流出为止，记录此时的压力值，重复试验几次。由试验数据来确定阀最小开启压力 p_{omin}。

4）液控单向阀控制压力 p_X 试验。试验目的及试验方法为：

①试验目的。本试验目的是为了测试使液控单向阀反向开启并保持全开的最小控制压力 p_X。测试液控单向阀在规定压力 p_A，p_B 和流量 q_v 范围内，使阀关闭的最大控制压力 p_{Xc}。

②测试方法。当液控单向阀反向未开启前，在规定的 p_B 范围内保持 p_B 为某一定值（p_{Bmax}，$0.75p_{Bmax}$，$0.5p_{Bmax}$，$0.25p_{Bmax}$ 和 p_{Bmin}），控制压力 p_X 由零逐渐增加，直到反向通过液控单向阀的流量达到所选择的流量 q_v 值为止。

记录控制压力 p_X 和对应流量 q_v，重复试验几次。由试验数据来确定使阀开启并通过所选择的流量 q_v 时的最小控制压力 p_X，绘制阀的开启压力 p_{Xo}—流量 q_v 关系曲线。

在控制油口 X 上施加控制压力 p_X，保证被试阀处于全开状态，使 p_A 值处于尽可能低的条件下，选择某一流量 q_v 通过被试阀，逐渐降低 p_X 值直到单向阀完全关闭为止。

记录控制压力 p_X 和流量 q_v，重复试验几次。由试验数据来确定使阀关闭的最大控制压力 p_{Xcmax}，绘制液控单向阀的关闭压力 p_{Xc}—流量 q_v 关系曲线。

5）泄漏量试验。泄漏量试验的测量时间至少应持续 5min。试验报告应注明试验时的油液温度，油液类型，牌号和黏度。

①直接作用式单向阀。试验时，应将被试阀方向安装准确。

A 口处于大气压下，B 口接入规定的压力值。在一定时间间隔内（至少 5min），测量从 A 口流出的泄漏量，记录测量时间间隔值，泄漏量及 p_B 值。

②液控单向阀。A 口和 X 口处于大气压力下，B 口接入规定的压力值。在一定的时间间隔内（至少 5min），测量从 A 口流出的泄漏量，记录测量时间间隔值，泄漏量值。此方法也适合测量从泄漏口 Y 流出的泄漏 p_B 量。

3.3.2　压力控制阀

3.3.2.1　实验装置

实验装置主要包括:

（1）实验回路。具体为:

1）图 3-14 和图 3-15 分别为溢流阀和减压阀的基本实验回路。允许采用包括两种或多种实验条件的综合实验回路。

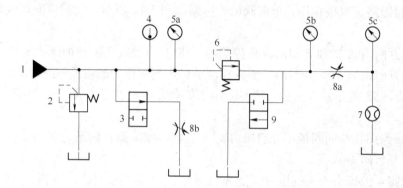

图 3-14　溢流阀试验回路

1—液压源；2—溢流阀（安全阀）；3—旁通阀；4—温度计；5—压力计；
6—被试阀；7—流量计；8—节流阀；9—换向阀

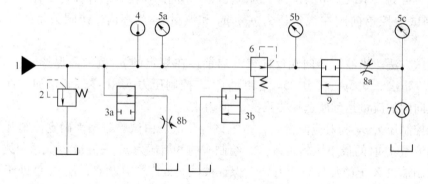

图 3-15　减压阀试验回路

1—液压源；2—溢流阀（安全阀）；3—旁通阀；4—温度计；5—压力计；
6—被试阀；7—流量计；8—节流阀；9—换向阀
（阀 6 和阀 8 之间应有足够的刚度，其容积应尽可能小）

2）油源的流量调节：油源流量应大于被试阀的试验流量，油源的压力脉动量不得大于 ±0.5MPa，并能允许短时间压力超载 20% ~ 30%。

3）被试阀和试验回路相关部分所组成的表观容积刚度，应保证压力梯度在下列给定范围之内:

① 3000 ~ 4000MPa/s。

② 600 ~ 800MPa/s。

③ 120 ~ 160MPa/s。

4）允许在给定的基本试验回路中增设调节压力、流量或保证试验系统安全工作的元件。

5）与被试阀连接的管道和管接头的内径应和被试阀的通径一致。

（2）测压点的位置。各测压点的位置要求为：

1）进口测压点的位置。进口测压点应设置在扰动源（如阀、弯头）的下游和被试阀的上游之间，距扰动源的距离应大于 $10d$，距被试阀的距离为 $5d$。

2）出口测压点应设置在被试阀下游处。

3）按 C 级精度测试时，若测压点的位置与上述要求不符，应给出相应修正值。

（3）测压孔。具体要求包括：

1）测压孔直径不得小于 1mm，不得大于 6mm。

2）测压孔的长度不得小于测压孔直径的两倍。

3）测压孔中心线和管道中心线垂直，管道内表面与测压孔交界处应保持尖锐，但不得有毛刺。

4）测压点与测量仪表之间连接管道的内径不得小于 3mm。

5）测压点与测量仪表连接时应排除连接管道中的空气。

（4）温度测量点的位置。温度测量点的位置应在被试阀进口测压点上游 $15d$ 处。

（5）油液固体污染等级。具体要求包括：

1）在试验系统中所用的液压油（液）的固体污染等级不得大于 19/16。有特殊要求的另做规定。

2）试验时，因淤塞现象而使在一定的时间间隔内对同一参数进行数次测量所得到的测量值不一定时，在试验报告中要注明时间间隔值。

3）在试验报告中应注明过滤器的位置、类型和数量。

4）在试验报告中应注明油液的固体污染等级及测定污染等级的方法。

3.3.2.2　试验的一般要求

试验的一般要求包括：

（1）试验用油液。具体为：

1）在试验报告中应注明试验用油类型、牌号，在试验控制温度下的油液黏度和密度及等体积弹性模量。

2）在同一温度下测定不同油液黏度的影响时，要用同一类型但黏度不同的油液。

（2）试验温度。具体为：

1）以液压油为工作介质试验元件时，被试阀口的油液温度为 50℃，采用其他油液为工作介质或有特殊要求时，可另作规定。在试验报告中应注明实际的试验温度。

2）冷态启动试验时油液温度应低于 25℃，在试验开始前把试验设备和油液温度保持在某一温度，试验开始后允许油液温度上升。在试验报告中记录温度、压力和流量对时间的关系。

3）当被试阀有试验温度补偿性能要求时，可根据试验要求选择试验温度。

（3）稳态工况。具体为：

1）被控参数的变化范围不超过有关的规定值时为稳态工况。在稳态工况下记录试验参数的测量值。

2）被测参数测量读数点数目和所取读数的分布应能反映被测阀在全范围内的性能。

3）为保证试验结果的重复性，应规定测量的时间间隔。

3.3.2.3　耐压试验

耐压试验主要内容包括：

（1）在被试阀进行试验前应进行耐压试验。

（2）耐压试验时，对各承压油口施加耐压试验压力。耐压试验压力为该油口工作压力的 1.5 倍，以每秒 2% 耐压试验压力速率递增，保压 5min，不得有外渗漏。

（3）耐压试验时各泄油口和油箱相连。

3.3.2.4　试验内容

试验内容主要包括：

（1）溢流阀。具体为：

1）稳态压力—流量特性试验。将被试阀调定在所需流量和压力值（包括阀的最高和最低压力值）上。然后在每一试验压力值上使流量从零增加到最大值，再从最大值减小到零，测量此过程中被试阀的进口压力。

被试阀的出口压力可为大气压或某一用户所需的压力值。

2）控制部件调节"力"试验（泛指力、力矩、压力或输入电量）。将被试阀通以所需的工作流量，调节其进口压力，从最低值增加到最高值，再从最高值减小到最低值，测定此过程中为调节进口压力调节控制部件所需的"力"。

为避免淤塞而影响测试值，在试验前应将被试阀的控制部件在其调节范围内连续来回操作至少 10 次以上。每组数据的测试应在 60s 内完成。

3）流量阶跃压力响应特性试验。将被试阀调节到试验所需流量和压力下，如图 3-14 所示，调节旁通阀 3 使试验系统压力下降到起始压力（保证被试阀进口处的起始压力不大于最终稳态压力值的 20%），然后迅速关闭旁通阀 3，使密闭回路中产生一个按油源的流量调节原则中所选用的梯度。这时在被试阀 6 进口处测试被试阀压力响应。

旁通阀 3 的关闭时间不得大于被试阀响应时间的 10%，最大不超过 10ms。

油的压缩性造成的压力梯度，可根据表达式 $\dfrac{\mathrm{d}p}{\mathrm{d}t} = \dfrac{q_\mathrm{v}K_\mathrm{s}}{V}$ 算出，至少应为所测梯度的 10 倍。

压力梯度指压力从起始稳态压力值与最终稳态压力值只差 10% 上升到 90% 的时间间隔内的平均变化率。

整个试验过程中安全阀 2 的回路上应无油液通过。

4）卸压、建压特性试验。主要包括最低工作压力试验及卸压时间和建压时间试验：

①最低工作压力试验。如图 3-14 所示，当溢流阀是先导控制型式时，可以用一个卸荷控制的换向阀 9 切换先导及油路，使被试阀 6 卸荷，逐点测出各流量时被试阀的最低工作压力。试验方法按 GB 8107《液压阀　压差—流量特性试验方法》有关条款的规定进行。

②卸压时间和建压时间试验。将被试阀 6 调定在所需的试验流量与试验压力下，迅速切换换向阀 9，卸荷控制的换向阀 9 切换时，测试被试阀 6 从所控制的压力卸到最低工作压力值所需的时间和重新建立控制压力值的时间。

换向阀 9 切换时间不得大于被试阀响应时间的 10%，最大不超过 10ms。

（2）减压阀。具体为：

1）稳态压力—流量特性试验。如图 3-15 所示，将被试阀 6 调定在所需的试验流量和出口压力值上（包括阀的最高和最低压力值），然后调节流量，使流量从零增加到最大值，再从最大值减小到零，测量此过程中被试阀 6 的出口压力。

试验过程中应保持被试阀 6 的进口压力稳定在额定压力值上。

2）控制部件调节"力"试验（泛指力、力矩、压力或输入电量）。如图 3-15 所示，将被试阀 6 调定在所需的试验流量和出口压力值上，然后调节被试阀的出口压力，使出口压力从最低值增加到最高值，再从最高值减小到最低值，测定此过程中为改变出口压力调节控制部件所需的"力"。

为避免淤塞而影响测试值，在试验前应将被试阀的控制部件在其调节范围内连续来回操作至少 10 次以上。每组数据的测试应在 60s 内完成。

3）进口压力阶跃压力响应特性试验。如图 3-15 所示，调节溢流阀 2 使被试阀 6 的进口压力为所需的值，然后调节被试阀 6 与节流阀 8b，使被试阀 6 的流量和出口压力调定在所需的试验值上。操纵旁通阀 3a，使整个系统试验压力下降到起始压力（为保证被试阀阀芯的全开度，保证此起始压力不超过被试阀出口压力值的 50% 和被试阀调定的进口压力值的 20%）。然后迅速关闭旁通阀 3a，使进油回路中产生一个按油源的流量调节原则中所选用的梯度，在被试阀 6 出口处测量被试阀的出口压力的瞬态响应。

4）出口流量阶跃压力响应特性试验。如图 3-15 所示，调节溢流阀 2 使被试阀 6 的出口压力为所需的值，然后调节被试阀 6 与节流阀 8a，使被试阀 6 的流量和出口压力调定在所需的实验值上。关闭换向阀 9，使被试阀 6 的出口流量为零，然后开启换向阀 9，使被试阀的出口回路中产生一个流量的阶跃变化。这时在被试阀 6 的出口处测量被试阀的出口压力瞬态响应。换向阀 9 的开启时间不得大于被试阀响应时间的 10%，最大不超过 10ms。

被试阀 6 和节流阀 8a 之间的油路容积要满足压力梯度的要求，即公式 $\dfrac{dp}{dt} = \dfrac{q_v K_s}{V}$ 计算出的压力梯度必须比实际测出被试阀出口压力响应曲线中的压力梯度大 10 倍以上，式中 V 是被试阀 6 与节流阀 8a 之间的回路容积，K_s 是油液的等熵体积弹性模量，q_v 是流经被试阀的流量。

5）卸压、建压特性试验。主要包括最低工作压力试验及卸压时间和建压时间试验：

①最低工作压力试验。如图 3-15 所示，当减压阀是先导控制型式时，可以用一个卸荷控制的旁通阀 3b 来将先导级短路，使被试阀 6 卸荷，逐点测出各流量时被试阀的最低工作压力。试验方法按 GB 8107 有关条款进行。

②卸压时间和建压时间试验。如图 3-15 所示，按卸压时间和建压时间试验进行试验，卸荷控制的旁通阀 3b 切换时，测量被试阀 6 从所控制的压力卸到最低工作压力值所需的时间和重新建立控制压力值的时间。旁通阀 3b 的切换时间不得大于被试阀响应时间的 10%，最大不超过 10ms。

3.3.3　流量控制阀

3.3.3.1　实验装置

实验装置主要包括：

（1）实验回路。具体为：

1）图 3-16、图 3-17 和图 3-18 分别为进口节流和三通旁通节流、出口节流及旁通节流时的曲型实验回路。图 3-19 为分流阀的典型试验回路。允许采用包括两种或多种实验条件的综合实验回路。

2）油源的流量应能调节，油源流量应大于被试阀的试验流量。油源的压力脉动量不得大于 ±0.5MPa。

3）油源与管道之间应安装压力控制阀，以防止回路压力过载。

4）允许在给定的基本回路中增设调节压力、流量或保证试验系统安全工作的元件。

5）与被试阀连接的管道和管接头的内径应和阀的公称通径相一致。

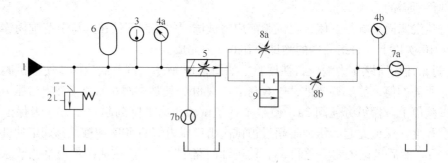

图 3-16　流量控制阀用作进口节流和三通旁通节流时的试验回路

1—液压源；2—溢流阀；3—温度计；4—压力计（做瞬态试验时应用高频响应压力传感器）；
5—被试阀；6—蓄能器（需要和可能的情况下加设）；7—流量计（采用瞬态试验第二种方法时
应用高频响应流量传感器）；8—节流阀；9—二位二通换向阀

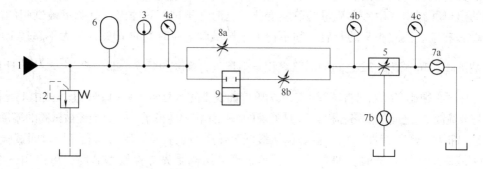

图 3-17　流量控制阀用作出口节流的试验回路

1—液压源；2—溢流阀；3—温度计；4—压力计（做瞬态试验时应用高频响应压力传感器）；
5—被试阀；6—蓄能器（需要和可能的情况下加设）；7—流量计（采用瞬态试验第二种方法时
应用高频响应流量传感器）；8—节流阀；9—二位二通换向阀
（阀 5 和阀 8 之间用硬管连接，其容积应尽可能小）

（2）测压点的位置。各测压点的位置要求为：

1）进口测压点的位置。进口测压点设置应在扰动源（如阀、弯头）的下游和被试阀的上游之间，距扰动源的距离应大于 $10d$，距被试阀的距离为 $5d$。

2）出口测压点应设置在被试阀下游处 $10d$。

3）按 C 级精度测试时，若测压点的位置与上述要求不符，应给出相应修正值。

（3）测压孔。具体要求包括：

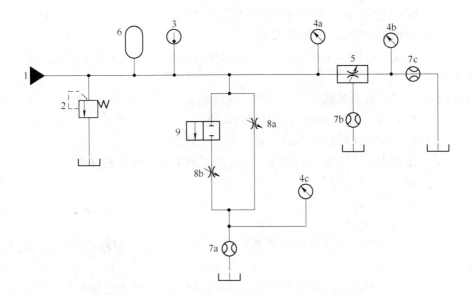

图 3-18　流量控制阀用作旁通节流时的试验回路

1—液压源；2—溢流阀；3—温度计；4—压力计（做瞬态试验时应用高频响应压力传感器）；

5—被试阀；6—蓄能器（需要和可能的情况下加设）；7—流量计（采用瞬态试验第二种方法时

应用高频响应流量传感器）；8—节流阀；9—二位二通换向阀

（阀 5 和阀 8 之间用硬管连接，其容积应尽可能小）

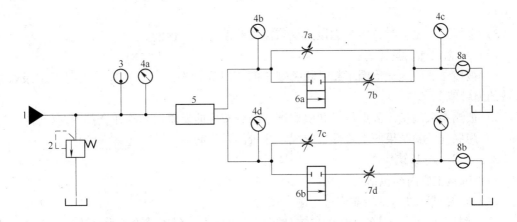

图 3-19　分流阀试验回路

1—液压源；2—溢流阀；3—温度计；4—压力计（做瞬态试验时应用高频响应压力传感器）；5—被试阀；

6—二位二通换向阀；7—节流阀；8—流量计（采用瞬态试验第二种方法时应用高频响应流量传感器）

1）测压孔直径不得小于 1mm，不得大于 6mm。

2）测压孔的长度不得小于测压孔直径的两倍。

3）测压孔中心线和管道中心线垂直，管道内表面与测压孔交界处应保持尖锐，但不得有毛刺。

4）测压点与测量仪表之间连接管道的内径不得小于 3mm。

5）测压点与测量仪表连接时应排除连接管道中的空气。

（4）温度测量点的位置。温度测量点的位置应在被试阀进口测压点上游 15d 处。

（5）油液固体污染等级。具体要求包括：

1）在试验系统中所用的液压油（液）的固体污染等级不得大于 19/16。有特殊要求的另做规定。

2）试验时，因淤塞现象而使在一定的时间间隔内对同一参数进行数次测量所得到的测量值不一定时，在试验报告中要注明时间间隔值。

3）在试验报告中应注明过滤器的位置、类型和数量。

4）在试验报告中应注明油液的固体污染等级及测定污染等级的方法。

3.3.3.2　试验的一般要求

试验的一般要求包括：

（1）试验用油液。具体为：

1）在试验报告中应注明试验用油的类型、牌号，在试验控制温度下的油液黏度和密度及等熵体积弹性模量。

2）在同一温度下测定不同油液黏度的影响时，要用同一类型但黏度不同的油液。

（2）试验温度。具体为：

1）以液压油为工作介质试验元件时，被试阀口进口处的油液温度为 50℃，采用其他工作介质或有特殊要求时，可另作规定。在试验报告中应注明实际的试验温度。

2）冷态启动试验时油液温度应低于 25℃，在试验开始前把试验设备和油液温度保持在某一温度，试验开始后允许油液温度上升。在试验报告中记录温度、压力和流量与时间的关系。

3）选择试验温度时，要考虑该阀是否需试验温度补偿性能。

（3）稳态工况。具体为：

1）被控参数的变化范围不超过相关规定的值时为稳态工况。在稳态工况下记录试验参数的测量值。

2）被测参数测量读数点数目和所取读数的分布应能反映被测阀在全范围内的性能。

3）为保证试验结果的重复性，应规定测量的时间间隔。

3.3.3.3　耐压试验

耐压试验主要内容包括：

（1）在被试阀进行试验前应进行耐压试验。

（2）耐压试验时，对各承压油口施加耐压试验压力。耐压试验压力为该油口工作压力的 1.5 倍，以每秒 2% 耐压试验压力速率递增，保压 5min，不得有外渗漏。

（3）耐压试验时各泄油口和油箱相连。

3.3.3.4　试验内容

试验内容主要包括：

（1）流量控制阀。具体为：

1）稳态流量—压力特性试验。被控流量和旁通流量应可能在控制部件的设定值和压差的全部范围内进行测量。

①压力补偿型阀。在进口和出口压力的规定增量下，对指定的流量和压力从最小值至最大值进行测试。

②无压力补偿型阀。参照 GB 8017—87《液压阀压差—流量特性试验方法》有关条款进行测试。

2）外泄漏量试验。对有外泄口的流量控制阀应测试外泄漏量，试验方法见 3.3.3.4 小节第（1）点第 1）条。绘出进口流量—压差特性和出口流量—压差特性。进口流量和出口流量之差即为外泄漏量。

3）调节控制部件所需"力"的试验（泛指力、力矩、压力或输入电量）。在被试阀进口和出口压力变化范围内，在各组进、出口压力设定值下，使流量从最小升至最大（正行程），又由最大回至最小（反行程），测定各调节设定值下对应的调节"力"。

在每次调至设定位置之前，应连续地对被试阀进行 10 次以上的全行程调节的操作，为避免由于淤塞引起的卡紧力影响测量。同时，应在调至设定位置时起 60s 内完成读数的测量。

每完成 10 次以上的全行程操作后，将控制部件调至设定位置时，要按规定行程的正或反来确定调节动作的方向。

注：要测定背压影响时，本项测试只能采用图 3-16 所示的回路。

4）带压力补偿的流量控制阀瞬态特性试验。在控制部件的调节范围内，测试各调节设定值下的流量对时间的相关特性。

进口节流和三通旁通节流的试验回路，按图 3-16 所示，对被试阀的出口造成压力阶跃来进行试验。进口节流和旁通节流的试验回路分别按图 3-16 和图 3-17 所示，对被试阀进口造成压力阶跃来进行试验。

在进行瞬态特性试验时，不考虑外泄漏量的影响。

①在图 3-16、图 3-17、图 3-18 中，二位二通换向阀 9 的操作时间应满足下列两个条件：

不得大于响应时间的 10%。

最大不超过 10ms。

②为得到足够的压力梯度，必须限制油液的压缩影响，检验方法见式 3-43。

$$\frac{\mathrm{d}p}{\mathrm{d}t} = \frac{q_{vs} \cdot K_s}{V} \tag{3-43}$$

由式 3-43 估算压力梯度。其中，q_{vs} 为测试开始前设定的稳态流量；K_s 为等熵体积弹性模量。在图 3-16 ~ 图 3-18 中，V 为被试阀 5 与节流阀 8a 和节流阀 8b 之间的连通容积；p 为阶跃压力（在图 3-16 和图 3-17 中由压力表 4 读出，在图 3-18 中由压力表 4a 读出）。由式 3-43 估算的压力梯度至少应为实测结果的 10 倍。

③瞬态特性试验程序。在图 3-16 ~ 图 3-18 中，关闭二位二通换向阀 9，调节被试阀 5 的控制部件，又由流量计 7a 读出稳态设定流量，调节节流阀 8a，读出流量流过节流阀 8a 时造成的压差（下标 2 表示流量单独通过节流阀 8a 的工况），用式 3-44 计算：

$$K = \frac{q_{vs}}{\sqrt{\Delta P_2}} \tag{3-44}$$

由式 3-44 求出节流阀 8a 的系数 K。在图 3-16 ~ 图 3-18 中分别为压力计 4b 和 4a、4b 和 4a 及 4a 和 4c 的读数差。

在图 3-16、图 3-17、图 3-18 中，打开二位二通换向阀 9，调节节流阀 8b，读出通过节流阀 8a 和节流阀 8b 并联油路所造成的压差（下标 1 表示通过并联油路的工况）。压差的读法相同。

在瞬态过程中，当流量为式 3-45 时：

$$q_v = q_{v1} = K\sqrt{\Delta p_1} \tag{3-45}$$

可以被认为是被试阀响应时间的起始时刻，称为起始流量。

操作二位二通换向阀 9（由开至关），造成压力阶跃进行检测。

④测试方法。选择下述方法中的一种进行瞬态特性测试：

第一种方法——间接法（采用高频响应压力传感器），用压力传感器测出节流阀 8a 的压差以式 3-46 求出通过被试阀 5 的瞬时流量。

$$q_v = K\sqrt{\Delta p} \tag{3-46}$$

注：这种方法中允许采用频响较低的流量计，因为其只用来测稳态流量。

第二种方法——直接法（采用高频响应压力传感器和流量传感器），直接用流量传感器读出瞬时流量。用压力传感器来校核流量传感器相位的准确性。

（2）分流阀。具体为：

1）稳态流量—压力特性试验。在进口流量的变化范围内，测定各进口流量设定值下 A、B 两个工作口的分流流量对各自压差的相关特性。

A、B 口的出口压力，分别调节图 3-19 中节流阀 7a（或同时调节节流阀 7b）和节流阀 7c（或同时调节节流阀 7d）来实现，由压力计 4b 和压力计 4c 读出。调定出口压力后，被试阀进口压力随之确定，由压力计 4a 读出。A、B 口与进口的压力差就可计算出。

A、B 口的分流流量分布由流量计 8a 和流量计 8b 读出，两分流流量之和即为进口流量。

按表 3-34 的规定，调节 A、B 的出口压力，在规定进口流量范围内，测每一进口流量下进口压力和出口流量。

表 3-34 出口压力规定

序　号	A　口	B　口
1	p_{min}	$p_{min} \rightarrow p_{max} \rightarrow p_{min}$
2	$p_{min} \rightarrow p_{max} \rightarrow p_{min}$	p_{min}
3	p_{max}	$p_{min} \rightarrow p_{max} \rightarrow p_{min}$
4	$p_{min} \rightarrow p_{max} \rightarrow p_{min}$	p_{max}
5	$p_{min} \rightarrow p_{max} \rightarrow p_{min}$	$p_{min} \rightarrow p_{max} \rightarrow p_{min}$

对于分流口等流或不等流的阀都应注明分流比。

2）瞬态特性试验。在进口流量变化范围内，如图 3-19 所示，测量在二位二通换向阀 6a 和二位二通换向阀 6b 做不同配合操作（同时动作或不同时动作）产生的不同压力阶跃情况下的各分流流量对时间的相关特性。

图 3-19 试验回路中二位二通换向阀 6a 和二位二通换向阀 6b 的操作时间与 3.3.3.4 节，第（1）点第 4）条第①小条中关于二位二通换向阀 9 的规定相同，回路中加载部分

的压力梯度要求与3.3.3.4节，第（1）点第4）条第②小条的有关规定相同。

应注明阀的分流比。

①试验程序。图3-19中关闭二位二通换向阀6a和二位二通换向阀6b，分别调节节流阀7a和节流阀7c，使A、B口的出口压力为最高负载压力（这时A口出口压力以P_1表示，由压力计4b读出；B口出口压力以P_5表示，由压力计4c读出），分别由流量计读出A口和B口的稳态流量q_{VSA}和q_{VSB}，由压力计4d和压力计4e读出压力p_2和p_6。由式3-47和式3-48计算：

$$\Delta p_{2A} = p_1 - p_2 \tag{3-47}$$

$$\Delta p_{2B} = p_5 - p_6 \tag{3-48}$$

求出Δp_{2A}和Δp_{2B}（Δp_{2A}和Δp_{2B}分别表示单独通过节流阀7a及单独通过节流阀7c形成的压差）。

以式3-49、式3-50求出节流阀7a和节流阀7c的系数。

$$K_A = q_{VSA}/ \sqrt{\Delta p_{2A}} \tag{3-49}$$

$$K_B = q_{VSB}/ \sqrt{\Delta p_{2B}} \tag{3-50}$$

图3-19中，开启二位二通换向阀6a和二位二通换向阀6b，将节流阀7b和节流阀7d调至使A口和B口的出口压力为最小负载压力（这时A口出口压力以p_3表示，由压力计4b读出；B口出口压力以p_7表示，由压力计4c读出）。分别由压力计4d和压力计4e读出压力p_4和p_8。

以式3-51、式3-52计算：

$$\Delta p_{1A} = p_3 - p_4 \tag{3-51}$$

$$\Delta p_{1B} = p_7 - p_8 \tag{3-52}$$

Δp_{1A}表示q_{VSA}通过节流阀7a和节流阀7b的并联油路形成的压差，Δp_{1B}表示q_{VSB}通过节流阀7c和节流阀7d并联油路形成的压差。式3-53、式3-54求得瞬态特性响应起始时刻的流量q_{VA}和q_{VB}：

$$q_{VA} = q_{V1A} = K_A \sqrt{\Delta p_{1A}} \tag{3-53}$$

$$q_{VB} = q_{V1B} = K_B \sqrt{\Delta p_{1B}} \tag{3-54}$$

操作二位二通换向阀6a和（或二位二通换向阀6b），产生压力阶跃，操作顺序见表3-35。

表3-35 操作顺序

序 号	阀6a	阀6b
1	突 闭	始终开启
2	始终开启	突 闭
3	突 闭	突 闭

②测量方法。选择下述方法中的一种进行瞬态特性测试：

第一种方法——间接法（采用高频响应压力传感器），如图3-19所示，由压力计4b

和压力计 4c 的读数算出节流阀 7a 的瞬时压差，由压力计 4d 和压力计 4e 的读数算出节流阀 7c 的瞬时压差，以式 3-55、式 3-56 分别算出 A、B 口的瞬时流量和：

$$q_{VA} = K_A \sqrt{\Delta p_A} \qquad (3-55)$$

$$q_{VB} = K_B \sqrt{\Delta p_B} \qquad (3-56)$$

第二种方法——直接法（流量和压力仪表都采用高频响应传感器），如图 3-19 所示，分别通过流量计 8a 和流量计 8b 读出 A 口和 B 口的瞬时流量和，可由相应的压力传感器读出瞬时压差和，用以校核流量传感器的相位准确性。

3.3.4 多路阀

3.3.4.1 一般要求

一般要求主要包括：

（1）公称压力系列应符合 GB 2346 的规定。

（2）公称流量系列应符合 JB/T 53359—1998 中表 1 的规定。

（3）油口连接螺纹尺寸应符合 GB/T 2878 的规定。

注：引进产品和老产品的油口螺纹尺寸按有关规定执行。

（4）产品样本中，除标明技术参数外，还需绘制出压力损失特性曲线、内泄漏量特性曲线、安全阀等压力特性曲线等主要性能曲线，便于用户选用。

（5）其他技术要求应符合 GB 7935—87 中 1.2 ~ 1.4 的规定。

3.3.4.2 使用性能

使用性能主要包括：

（1）内泄漏量。中立位置内泄漏量不得大于表 3-36 的规定。换向位置内泄漏量不得大于表 3-37 的规定。

表 3-36 多路阀中立位置内泄漏量指标　　　mL/min

公称压力/MPa	通径/mm				
	10	15	20	25	35
16	70	80	100	140（290）	170（360）
20	90	100	125	175（300）	200（380）
25	110	125	155	215	250
31.5	140	160	200	280	320

注：括号内指标为装载机用 DF 型整体多路阀动臂杆下降口内泄漏量指标；有更高要求的用户，内泄漏量指标由用户与生产厂家协商解决。

表 3-37 多路阀换向位置内泄漏量指标　　　mL/min

公称压力/MPa	通径/mm				
	10	15	20	25	35
16	200	310	500	800	1250
20	250	390	625	1000	1560
25	300	470	760	1250	1935
31.5	400	620	1000	1600	2500

（2）压力损失。在公称流量下的压力损失不得大于表 3-38 的规定。

表 3-38 多路阀压力损失指标 MPa

油路型式		公称压力			
		16	20	25	31.5
并联与串、并联型	中立	0.8	0.8	0.9	0.9
	换向	1.0	1.2	1.3	1.3
串联型	中立	0.8	0.8	0.9	0.9
	换向	1.3	1.4	1.4	1.4

（3）安全阀性能。在额定工况下，安全阀各项性能参数不得超过表 3-39 的规定。

表 3-39 安全阀的性能参数

安全阀性能	公称压力/MPa			
	16	20	25	31.5
开启压力/MPa	14.4	18.0	22.5	28.5
闭合压力/MPa	13.6	17.0	21.2	27.2
压力振摆/MPa	±0.5	±0.6	±0.7	±0.8
压力超调率/%	25			
瞬态恢复时间/s	0.2	0.22	0.24	0.25
流量/L·min^{-1}	2.5% q_v			

（4）补油阀开启压力。补油阀开启压力不得大于 0.2MPa。

（5）过载阀、补油阀泄漏量。过载阀、补油阀泄漏量不得大于表 3-40 的规定。

表 3-40 过载阀、补油阀泄漏量指标 mL/min

通径/mm	公称压力/MPa			
	16	20	25	31.5
10	14	18	22	28
15	16	20	25	32
20	20	25	31	40
25	28	35	43	56
32	24	40	50	64

（6）操纵力。在额定工况下，操纵力不得大于表 3-41 的规定。

表 3-41 多路阀操纵力指标 N

公称压力/MPa	通径/mm				
	10	15	20	25	35
16	200	250	320	390	420
20	200	250	320	390	420
25	280	320	380	430	460
31.5	280	320	380	430	460

（7）密封性。静密封处不得渗油，动密封处不得滴油。

（8）耐久性。公称压力为 16MPa、20MPa 的多路阀，换向次数不得少于 25 万次，公称压力为 25MPa、31.5MPa 的多路阀，换向次数不得少于 10 万次。试验后，内泄漏量增加值不得大于规定值的 10%，安全阀开启率不得低于 80%，零件不得有异常磨损和其他形式的损坏。

3.3.4.3　加工质量

按 JB/T 5058 规定划分加工的质量特性重要度等级。

3.3.4.4　装配质量

装配质量主要包括：

（1）多路阀装配技术要求应符合 GB 7935—87 中 1.5 ~ 1.8 的规定。

（2）内部清洁度。内部清洁度检测方法按 JB/T 7858 规定，其内腔污物质量不得大于表 3-42 的规定值。

表 3-42　清洁度规定

通径/mm	污物质量/mg	通径/mm	污物质量/mg
10	$25 + 14N$	25	$50 + 31N$
15	$30 + 16N$	32	$67 + 47N$
20	$33 + 22N$		

注：N 为分片式多路阀的片数。

3.3.4.5　试验方法

试验方法主要包括：

（1）试验回路。具体为：

1）试验回路原理如图 3-20 所示。

2）试验装置油源的流量应能调节，油源流量应大于被试阀的公称流量。油源压力应能短时间超载 20% ~ 30%。

（2）测压点的位置。各测试点位置要求为：

1）进口测压点应设置在扰动源（如阀、弯头）的下游和被试阀上游之间。距扰动源的距离应大于 $10d$（d 为管路通径），距被试阀的距离为 $5d$。

2）出口测压点应设置在被试阀下游 $10d$ 处。

3）按 C 级精度测试时，若测压点的位置与上述要求不符，应给出相应的修正值。

（3）测压孔。具体要求包括：

1）测压孔直径不得小于 1mm，不得大于 6mm。

2）测压孔长度不得小于测压孔直径的 2 倍。

3）测压孔轴线和管道中心线垂直。管道内表面与测压孔交角处应保持尖锐，不得有毛刺。

4）测压点与测试仪表之间连接管道的内径不得小于 3mm。

5）测压点与测试仪表连接时，应排除连接管道中的空气。

（4）温度测量点的位置。温度测量点应设置在被试阀进口测压点上游 $15d$ 处。

（5）试验用油液。具体包括：

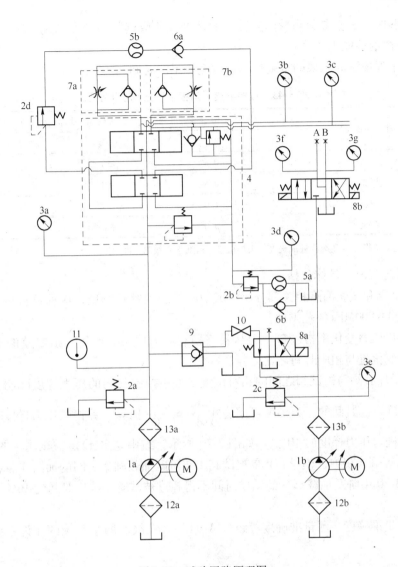

图 3-20 试验回路原理图

1—液压泵；2—溢流阀；3—压力表（对瞬态试验，压力表 3a 处应接入压力传感器）；

4—被试多路阀；5—流量计；6—单向阀；7—单向节流阀；8—电磁换向阀；

9—阶跃加载阀；10—截止阀；11—温度计；12，13—过滤器

（试验液动多路阀时，两端的控制油口分别与电磁换向阀 8b 的 A、B 油口连通）

1）黏度：40℃时的运动黏度为 42~74mm²/s（特殊要求另行规定）。

2）油温：除明确规定外，型式试验应在 50℃±2℃下进行，出厂试验应在 50℃±4℃下进行。

3）清洁度：试验用油液的固体颗粒污染等级代号不得高于 GB/T 14039 规定等级代号 19/16。

（6）稳态工况。具体包括：

1）被控参量的变化范围不超过表 3-43 的规定值时为稳态工况，在稳态工况下记录试验参数的测量值。

2）试验时，试验参量测量读数数目的选择和所取读数的分布情况，应能反映被试阀在整个范围内的性能。

3）为了保证试验结果的重复性，应规定测量的时间间隔。

表 3-43　被控参量平均指示值允许变化范围　　　　　　　　　　%

测 量 参 数	各测量准确度等级对应被控参量平均指示值允许变化范围		
	A	B	C
压力	±0.5	±1.5	±2.5
流量	±0.5	±1.5	±2.5
温度	±1.0	±2.0	±4.0
黏度	±5.0	±10.0	±15.0

注：型式检验不得低于 B 级测量准确度，出厂检验不得低于 C 级测量准确度。

（7）瞬态工况。具体包括：

1）被试阀和试验回路相关部分所组成油腔的表观容积刚度，应保证被试阀进口压力变化率在 600～800MPa/s 范围内。

注：进口压力变化率指进口压力从最终稳态压力值与起始压力值之差的 10% 上升到 90% 的压力变化量与相应时间之比。

2）阶跃加载阀与被试阀之间的相对位置，可用控制其间的压力梯度限制油液可压缩性的影响来确定。其间的压力梯度可用公式 $\dfrac{\mathrm{d}p}{\mathrm{d}t} = \dfrac{q_v K_s}{V}$ 估算。算得的压力梯度至少应为被试阀实测的进口压力梯度的 10 倍。如图 3-20 所示，式中 q_v 取设定被试阀 4 的稳态流量；K_s 是油液的等熵体积弹性模量；V 是被试阀 4 与阶跃加载阀 9 之间的油路连通容积。

3）图 3-20 中阶跃加载阀 9 的动作时间不得超过被试阀 4 响应时间的 10%，最大不得超过 10ms。

（8）测量准确度。测量准确度等级分 A、B、C 三级。测量系统的允许系统误差见表 3-44。

表 3-44　测量系统的允许系统误差　　　　　　　　　　%

测 量 参 量	各测量准确度等级对应的测量系统的允许系统误差		
	A	B	C
压力（表压力 $p < 0.2$MPa 时）/kPa	±2.0	±6.0	±10.0
压力（表压力 $p \geqslant 0.2$MPa 时）/%	±0.5	±1.5	±2.5
流量/%	±0.5	±1.5	±2.5
温度/%	±0.5	±1.0	±2.0

注：型式检验不得低于 B 级测量准确度，出厂检验不得低于 C 级测量准确度。

3.3.4.6　试验项目和试验方法

试验项目和试验方法主要包括：

（1）耐压试验。具体为：

1）多路阀试验前，应进行耐压试验。

2）耐压试验时，对各承压油口施加耐压试验压力。耐压试验压力为该油口最高工作压力的 1.5 倍，试验压力以每秒 2% 耐压试验压力的速率递增，至耐压试验压力时，保压 5min，不得有外渗漏及零件损坏等现象。

3）耐压试验时各泄油口与油箱连通。

（2）出厂试验。出厂试验项目和方法按表 3-45 所示规定进行。其中换向位置内泄漏、压力损失及补油阀和过载阀补油性能三项为抽试项目。

表 3-45　出厂试验项目与方法

序号	试验项目		试验方法	备注
1	油路型式与滑阀机能		观察被试多路阀 4 各油口通油情况，检查油路型式与滑阀机能	
2	换向性能		被试多路阀 4 的安全阀及各过载阀均关闭，调节溢流阀 2a 和单向节流阀 7a（7b），使被试多路阀 4 的 P 油口的压力为公称压力，再调溢流阀 2b，使被试多路阀 4 的 T 油口无背压或为规定背压值，并使通过被试多路阀 4 的流量为公称流量； 当被试多路阀 4 为手动多路阀时，在上述试验条件下，操作被试多路阀 4 各手柄，连续动作 10 次以上，检查复位定位情况； 当被试多路阀 4 为液动型多路阀时，调节溢流阀 2c，使控制压力为被试多路阀 4 所需的控制压力，然后将电磁换向阀 8b 的电磁铁通电和断电，连续动作 10 次以上，试验被试多路阀 4 各连滑阀换向和复位情况	
3	泄漏	中立位置内泄漏	被试多路阀 4 的各滑阀处于中立位置，A、B 油口进油，并由溢流阀 2a 加压至公称压力，除 T 油口外，其余各油口堵住，由 T 油口测量泄漏量	在测量内泄漏量前，应先将被试多路阀 4 各滑阀动作 3 次以上，停留 30s 后再测量内泄漏量
		换向位置内泄漏	被试阀的安全阀、过载阀全部关闭，A、B 油口堵住，被试多路阀 4 的 P 油口进油。调节溢流阀 2a，使 P 油口压力为被试多路阀 4 的公称压力，并使滑阀处于各换向位置，由 T 油口测量泄漏量	
4	压力损失		被试阀的安全阀关闭，A、B 油口连通，将被试多路阀 4 的滑阀置于各通油位置，并使通过被试多路阀 4 的流量为公称流量，分别由压力表 3a、3b、3c、3d（如用多接点压力表最好）测量 P、A、B、T 各油口压力 p_P、p_A、p_B、p_T，计算压力损失。 1. 当油流方向为 P→T 时，压力损失为：$\Delta P_{P \to T} = p_P - p_T$； 2. 当油流方向为 P→A、B→T 时，压力损失为：$\Delta P_{P \to A} + \Delta P_{B \to T}$ 其中 $$\Delta P_{P \to A} = p_P - p_A$$ $$\Delta P_{B \to T} = p_B - p_T$$ 3. 当油流方向为 P→B、A→T 时，压力损失为：$\Delta P_{P \to B} + \Delta P_{A \to T}$ 其中 $$\Delta P_{P \to B} = p_P - p_B$$ $$\Delta P_{A \to T} = p_A - p_T$$ 4. 对于 A（B）型滑阀，当油流方向为 P→A（B）时，压力损失为： $$\Delta P_{P \to A(B)} = p_P - p_{A(B)}$$	

序号	试验项目		试 验 方 法	备 注
5	安全阀性能		A、B 油口堵住，被试多路阀 4 置于换向位置，将溢流阀 2a 的压力调至比安全阀的公称压力高 15% 以上，并使通过被试多路阀 4 的流量为公称流量，分别进行下列试验： 　1. 调压范围与压力稳定性：将安全阀的调节螺钉由全松至全紧，再由全紧至全松，反复试验 3 次，通过压力表 3a 观察压力上升与下降情况； 　2. 调节被试多路阀 4 的安全阀至公称压力，由压力表 3a 测量压力振摆值； 　3. 测量开启压力和闭合压力下的溢流量：调节被试安全阀至公称压力，并使通过安全阀的流量为公称流量，分别测量开启压力和闭合压力下的溢流量： 　1）调节溢流阀 2a，使系统逐渐降压，当压力降至规定的闭合压力值时，在 T 油口测量 1min 内的溢流量； 　2）调压溢流阀 2a，从被试安全阀不溢流开始使系统逐渐升压，当压力升至规定的开启压力值时，在 T 油口测量 1min 内的溢流量。 　4. 调定安全阀压力：按用户所需压力调整安全阀压力，然后拧紧锁紧螺母	
6	其他辅助阀性能	过载阀密封性能	被试滑阀处于中立位置，被试过载阀关闭，从 A(B) 油口进油，调节溢流阀 2a，使系统压力升至公称压力，并使通过多路阀的流量为试验流量。滑阀动作 3 次，停留 30s 后，由 T 油口测量内泄漏量	泄漏量包括中立位置内泄漏和过载阀泄漏量两部分
		过载阀其他性能	被试阀的安全阀关闭，溢流阀 2a 的压力调至比过载阀的工作压力高 15% 以上，并使被试过载阀通过试验流量。试验方法同第 5 项试验中的 1、2、4 点	
		补油阀的密封性能	被试滑阀处于中立位置，从 A(B) 油口进油，调节溢流阀 2a，使系统压力升至公称压力，并使通过多路阀的流量为试验流量，滑阀动作 3 次，停留 30s 后，由 T 油口测量内泄漏量	泄漏量包括中立位置内泄漏量和补油阀泄漏量两部分
		补油阀和过载阀补油性能	被试滑阀置于中立位置，T 油口进油通以试验流量，由压力表 3d、3b（或 3c）测量 p_T、p_A（或 p_B）的压力，得出开始补油时的开启压力 $p = p_T - p_A$（或 p_B）	
7	背压试验		各滑阀置于中立位置，调节溢流阀 2b，使被试阀 4 的回油口保持 2.0MPa 的背压值，滑阀反复换向 5 次后保压 3min	

（3）型式试验。型式试验项目和方法按表 3-46 所示规定进行。

表 3-46 型式试验项目与方法

序号	试验项目		试 验 方 法	备 注
1	稳态试验		按出厂试验项目及试验方法中的规定试验全部项目: 1. 在压力损失试验时,将被试多路阀 4 的滑阀置于各通油位置,使通过被试多路阀 4 的流量从零逐渐增大到 120% 公称流量,其间设定几个测量点(设定的测量点数应足以描绘出压力损失曲线),分别用压力表 3a、3b、3c、3d(最好用多接点压力表)测量各设定点的压力,计算压力损失; 2. 在内泄漏量试验时,将被试多路阀 4 的滑阀置于规定的测量位置,使被试多路阀 4 的相应油口进油,压力由零逐渐增大到公称压力,其间设定几个测量点(设定的测量点数应足以描绘出内泄漏曲线),分别测量设定点的内泄漏量; 3. 在安全阀等压力特性试验时,应将被试阀 4 的安全阀调至公称压力,并使通过安全阀的流量为公称流量,然后改变系统压力,逐点测量安全阀进口压力 p 和相应压力下通过安全阀的流量 q_v,设定的测量点数应足以描绘出等压力特性曲线	绘制如下特性曲线:压力损失曲线;内泄漏量曲线;安全阀等压力特性曲线
2	瞬态试验		关闭溢流阀 2a,被试多路阀 4 的 A、B 油口堵住(如 A、B 油口带过载阀,需将过载阀关闭),将滑阀置于换向位置,调节被试多路阀 4 的安全阀至公称压力,并使通过被试多路阀 4 的流量为公称流量,启动液压泵 1b,调节溢流阀 2c,使控制压力能使阶跃加载阀 9 快速动作。电磁换向阀 8a 置于原始位置(截止阀 10 全开),使被试多路阀 4 进口压力下降到起始压力(被试阀进口处的起始压力值不得大于最终稳态压力值的 20%),然后迅速将电磁换向阀换向到右边位置,阶跃加载阀即迅速关闭,从而使被试多路阀 4 的进口处产生一个满足瞬态条件的压力梯度,用压力传感器、记录仪记录被试多路阀 4 进口处的压力变化过程	绘制安全阀瞬态响应曲线
3	操纵力(矩)试验		被试多路阀 4 通以公称流量,连接 A、B 油口,调节溢流阀 2a 和单向节流阀 7a(或 7b),使系统压力为被试阀公称压力的 75%,调节溢流阀 2b,使被试阀 4 的 T 腔无背压或为规定背压值,操纵滑阀换向,自中立位置先推、拉换向至设计最大行程,用测力计测量被试多路阀 4 换向时的最大操纵力(矩)	对于 A(B)型滑阀,在 A(B)油口接加载溢流阀,按同样方法测量操纵力(矩)
4	微动特性试验	P→T 压力微动特性	将被试多路阀 4 的安全阀调至公称压力,过载阀全部关闭,分别进行下列试验: 被试多路阀 4 的 A、B 油口堵住,P 口进油,并通以公称流量,滑阀由中立位置缓慢移动到各换向位置(要有以微小增量移动滑阀的措施以及测量微小增量的方法),测出随行程变化时,P 油口相应的压力值	将测得的行程与压力分别表示成占滑阀全行程与公称压力的百分数,绘制压力微动特性曲线
		P→A(B)流量微动特性	被试多路阀 4 的进油口 P 通以公称流量,滑阀由中立位置缓慢移动到各换向位置(要有以微小增量移动滑阀的措施以及测量微小增量的方法),同时保持 A(B)油口加载溢流阀 2d 的负荷为公称压力的 75%,测出随行程变化时通过 A(B)油口加载溢流阀 2d 的相应流量值	将测得的行程与流量分别表示成占滑阀全行程与公称流量的百分数,绘制流量微动特性曲线
		A(B)→T 流量微动特性	被试多路阀 4 的 A(B)油口进油并通以公称流量,调节溢流阀 2a,使系统压力为公称压力的 75%,滑阀由中立位置缓慢移动到各换向位置(要有以微小增量移动滑阀的措施以及测量微小增量的方法),测出随行程变化时的相应流量值	将测得的行程与流量分别表示成占滑阀全行程与公称流量百分数,绘制流量微动特性曲线

序号	试验项目	试 验 方 法	备 注
5	高温试验	被试多路阀 4 调至公称流量,将被试多路阀 4 的安全阀调至公称压力,调节溢流阀 2a 和单向节流阀 7a(7b),使被试多路阀 4 的 P 油口压力为公称压力,调节溢流阀 2b,使被试多路阀 4 的 T 油口无背压或为规定背压油值,在 80℃±5℃温度下,使滑阀以 20~40 次/min 的频率连续换向和安全阀连续动作 0.5h	
6	耐久试验	调节被试阀 4 的安全阀至公称压力,并使通过被试阀 4 的流量为试验流量,将被试阀 4 以 20~40 次/min 的频率连续换向,在试验过程中,记录被试阀的换向次数与安全阀动作次数,并在达到寿命指标所规定的换向次数后,检查被试阀 4 的主要零件	耐久性试验流量规定为:公称流量小于 100L/min 的多路阀按公称流量试验;公称流量大于或等于 100L/min 的多路阀按 100L/min 试验

3.3.4.7　检验规则

检验规则主要包括:

(1) 检验分类。多路阀检验分为出厂检验和型式检验:

1) 出厂检验。出厂检验指产品交货时应进行的各项检验。

2) 型式检验。型式检验指对产品质量进行全面考核,即按本标准规定的技术要求进行全面检验。凡属于下列情况之一者,应进行型式检验:

①新产品或老产品转厂生产的试制定制鉴定。

②正式生产后,如结构、材料、工艺有较大改变,可能影响产品性能时。

③产品长期停产后,恢复生产时。

④出厂检验结果与上次型式检验结果有较大差异时。

⑤国家质量监督机构提出进行型式检验要求时。

(2) 抽样。产品检验的抽样方案按 GB 2828 的规定进行。

1) 使用性能检查。具体为:

①接收质量限 (AQL 值):2.5。

②抽样方案类型:正常检验一次抽样方案。

③样本量:五台。

注:括号内的数值仅适用于耐久性试验。

2) 内部清洁度检查。具体为:

①接收质量限 (AQL 值):2.5。

②抽样方案类型:正常检验一次抽样方案。

③检查水平:特殊检查水平 S-2。

3) 零件加工质量检验。具体为:

①关键特性 (A 级):合格质量水平 AQL 值:1.0;抽样方案类型:正常检查二次抽样方案;检查水平:一般检查水平 Ⅱ。

②重要特性 (B 级):合格质量水平 AQL 值:6.5;抽样方案类型:正常检查二次抽

样方案；检查水平：一般检查水平Ⅱ。

（3）判定规则。按 GB/T 2828.1 的规定进行。

3.3.5 比例/伺服阀

3.3.5.1 稳态特性试验

稳态特性试验主要包括：

（1）稳态特性试验结果应以图形方式表达。

（2）应使用信号发生器提供各种连续可变输入信号，并用 X-Y 记录仪来记录由合适的压力和流量传感器测得的压力和流量。

（3）手动改变输入信号时，应人工逐点记录伺服阀的流量与压力响应。需要注意的是：

1）输入信号的循环过程中，循环的一半是沿一个方向递增，循环的另一半是沿相反方向递减，这样就不会掩盖伺服阀的固有滞环。

2）只要与记录仪的响应相比速度是很慢的，则信号发生器提供的函数类型（如正弦，斜坡等）并不重要。

（4）所用 X-Y 记录仪应能将流量与压力传感器的输出信号及伺服阀的输入电流信号调整为合适的比例，并使轨迹在图画上对中。

（5）除自动信号发生器外，还应提供便于设定伺服阀和仪表的带转换开关的人工控制输入装置。

（6）应提供无需借助于开关就能提供正信号和负信号的自动信号发生器和人工控制器。

3.3.5.2 耐压试验

耐压试验应在所有性能试验之前进行，以便验证伺服阀的完整性。具体包括：

（1）进油口耐压试验。主要步骤有：

1）打开回油口截止阀。

2）关闭两控制油口截止阀。

3）缓慢调节伺服阀的供油压力为额定压力的 1.5 倍，至少保压 5min，出场试验可缩短到 1min。

4）在保压期间，一半时间里施加正向额定电流，另一半时间里施加负向额定电流。

5）试验期间不得有外漏和永久变形。

6）型式试验时，还应拆卸后目测检验，零件不得有变形和损坏。

（2）回油口耐压试验。主要步骤有：

1）关闭回油口截止阀。

2）关闭控制油口截止阀和内泄漏截止阀。

3）缓慢调节伺服阀的供油压力为所需耐压试验压力（应等同于伺服阀额定压力或某一个规定百分数），至少保压 5min，出场试验可缩短到 1min。

4）在保压期间，一半时间里施加正向额定电流，另一半时间里施加负向额定电流。

5）试验期间不得有外漏和永久变形。

6）型式试验时，还应拆卸后目测检验，零件不得有变形和损坏。

3.3.5.3　关闭控制油口试验

关闭控制油口试验主要包括：

（1）压力增益试验。主要步骤有：

1）在本项试验之前，必须对伺服阀进行必要的机械调整，如把零偏调到最小等。

2）关闭两控制油口截止阀。

3）打开回油口截止阀。

4）调节伺服阀供压为额定压力。

5）缓慢的输入电流，并在正负额定值之间循环几次。

6）接 X-Y 记录仪，Y 轴为负载降压，X 轴为输入电流。

7）检查两个坐标的零点。

8）调节自动信号发生器，使输入电流振幅（$\pm I_n$）足以获得最大负载降压（$\pm p_n$）。

9）令输入电流周期性循环，保证记录笔运动灵活，并以记录仪动态效应可以忽略不计的速度运动。

10）继续施加周期性循环电流，落下记录笔，记录一个完整的压力特性曲线。

（2）零点分辨率和阈值试验。主要步骤有：

1）记录油液温度。

2）用一个合适的增量提高油温，并使试验回路油温至少稳定 1min。

3）在每一个稳定的温度情况下，测得零偏电流。

4）试验应在伺服阀设计的工作温度范围内进行。

5）逐级降低油温再测零偏电流，以减小试验误差。

6）绘出零偏对温度的关系曲线。

（3）内泄漏。主要步骤有：

1）关闭两控制油口截止阀。

2）打开内泄漏截止阀。

3）关闭回油口截止阀。

4）调节伺服阀供压为额定压力。

5）接好 X-Y 记录仪，Y 轴为回油管流量（内泄漏），X 轴为输入电流。

6）检查两个坐标的零点。

7）调节自动信号发生器，使输入电流幅值为正负额定电流（$\pm I_n$）。

8）令输入电流周期性循环，保证记录笔运动灵活，并以记录仪动态效应可以忽略不计且能完整准确地绘制出内泄漏变化曲线的速度运动。

9）继续施加周期性循环电流，从 $+I_n$ 到 $-I_n$ 开始记录超过半个循环的内泄漏曲线。

注：如果回油管上装流量计，如图 3-21 所示，则可用上述类似方法测量内泄漏，但要把控制阀设置成使回油口流量直接通过此流量计而不通过容积式流量计。根据流量计性质不同，可以连续绘制内泄漏对输入电流的曲线或进行逐点检查。

3.3.5.4　打开控制油口试验

打开控制油口试验主要包括：

（1）空载控制流量对输入电流特性。从本试验所获得的空载控制流量对输入电流特性曲线用于确定若干稳态特性。具体为：

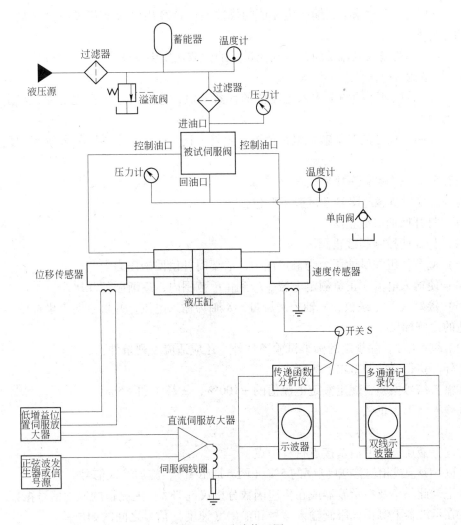

图 3-21 试验装置图

1）打开回油口截止阀。

2）打开两控制油口截止阀，关闭内泄漏截止阀。

3）调节伺服阀供压为额定压力。

4）缓慢的输入电流，循环若干次。

5）接好 X-Y 记录仪，Y 轴控制流量，X 轴为输入电流，并检查两个坐标的零点和选择合适的比例标尺。

6）调节自动信号发生器，使输入电流最大值为正负额定电流（ $\pm I_n$ ）。

（2）试验方法。试验方法主要包括：

1）按空载控制流量对输入电流特性的步骤使输入电流循环。

2）施加一个小的偏流电流。

3）记录该电流值及对应的流量读数。

4）沿同一极性缓慢地（避免动态效应）施加另一小电流，直到流量计的读数变化。

5）记录新的输入电流值。

6）从上述两个记录下的输入电流值的代数差值计算出电流变化增量，就是伺服阀零区外的分辨率。

7）缓慢地使输入电流反向，直到流量计的读数又发生变化为止。

8）记录输入电流值。

9）从最后记录下的两个输入电流值的代数差值，计算出电流变化增量，就是伺服阀零区外的阈值。

10）在两个极性的其他输入电流值下，重复上述步骤，记录零区外分辨率和阈值的最大值。

3.3.5.5　控制流量对负载压降特性

控制流量对负载压降特性试验主要包括：

（1）打开回油口截止阀。

（2）打开两控制阀截止阀。

（3）调节伺服阀供油压力为额定压力，必要时补偿回油压力。

（4）使输入电流在正负额定电流 $+I_n$ 到 $-I_n$ 范围内，逐渐循环几次。

（5）接好 X-Y 记录仪，Y 轴控制流量，X 轴为输入电流，并检查两个坐标的零点和选择合适的比例标尺。

1）试验条件。除规定的标准试验条件外，还应适应下列条件：

①外部执行器负载基本上为零。

②输入信号振幅，规定额定电流值的 ±100%，±25% 和 ±5%。

③输入波形为正弦。

2）试验程序。具体为：

①调整液压缸，使活塞接近行程中点。

②以 5Hz，或相位移 90 频率的 5%（两者取低者），施加输入信号。

③记录此频率及在示波器或在传递函数分析仪（TFA）上测得的速度信号振幅。

④在示波器上测得伺服阀输入信号和输出（速度）信号之间的相位差。

⑤记录此数值。

⑥提高输入信号频率，需要时，调整振荡器输出信号振幅，以保持伺服阀输入的电流幅值为恒值。

⑦记录新的频率，振幅和相位移值。

⑧计算该频率下振幅值对最初频率下的振幅值之比。

⑨将此值转换为分贝值。

⑩根据需要以覆盖 15dB 的衰减和包括对应 45°、90° 及更大相位移频率的频率范围内测量振幅和相位移，并计算对应的振幅比数值。

3.3.5.6　瞬态响应

瞬态响应试验主要包括：

（1）试验装置。具体为：

1）试验装置中还包括：输入信号源回路；驱动放大器；对称液压缸；速度和位置传感器及示波器。

2）用来检测输出流量的液压缸及配套的试验设备应有低摩擦特性，其固有频率比伺服阀频宽高一个数量级，则其对伺服阀的动态特性影响可以忽略不计。

3）应用线性的速度传感器来监测流量。

4）应用位置传感器提供反馈信号，以防止液压缸漂移。

5）记录仪的滞后与伺服阀动态特性相比应忽略不计。

（2）试验条件。除规定的标准试验条件外，还包括下列条件：

1）外部执行器负载基本为零。

2）阶跃输入信号幅值规定为额定电流的5%和100%（或所需的其他幅值）。

（3）试验程序。主要包括：

1）调整液压缸，使活塞接近总行程的一端。

2）使输入信号从零阶跃到规定的幅值，使活塞向另一端运动。

3）以相反极性重复进行。

4）记录输入电流及来自速度传感器的与流量对应的输出电压。

3.3.5.7 耐久性试验

耐久性试验主要包括：

（1）除规定的标准试验条件外，油液的污染极限不得超过规定值。

（2）试验是在关闭控制油口和打开控制油口两种状态时进行，试验时间各占一半。

（3）使输入电流在正负额定电流间正弦循环。

（4）以不超过90°相位时频率的1/5的频率使伺服阀循环不小于10^7次。

（5）完成耐久性试验后经产品验收试验，检验元件性能降低程度。

（6）记录总循环次数及性能降低程度。

3.3.5.8 压力脉冲试验

压力脉冲试验主要包括：

（1）该试验至少应进行5×10^5次循环。

（2）当控制油口关闭时，对伺服阀供油口施加压力脉冲。

（3）压力脉冲幅值在额定回油压力（不低于350kPa）和供油压力的100%±5%之间循环，注意限制压力上升速度以避免超调气穴。

（4）每次循环内应有50%以上的时间保持在供油压力下。

（5）施加正负额定电流的时间各占试验时间的一半。

（6）完成压力脉冲试验后，经产品验收试验，检验元件性能降低程度。

（7）记录总循环次数及性能降低程度。

3.4 液压缸

3.4.1 普通液压缸

3.4.1.1 技术要求

技术要求主要包括：

（1）一般要求。具体为：

1）公称压力系列应符合GB/T 2346的规定。

2）缸内径及活塞杆（柱塞杆）外径系列应符合GB/T 2348的规定。

3）油口连接螺纹尺寸应符合 GB/T 2878 的规定，活塞杆螺纹应符合 GB/T 2350 的规定。

4）密封应符合 GB/T 2879、GB/T 2880、GB/T 6577、GB/T 6578 的规定。

5）其他方面应符合 GB/T 7935—1987 中 1.2 ~ 1.6 的规定。

6）有特殊要求的产品，由用户和制造厂商定。

（2）使用性能。使用性能主要包括：

1）最低启动压力。具体为：

①双作用液压缸。双作用液压缸的最低启动压力不得大于表 3-47 的规定。

表 3-47　双作用液压缸的最低启动压力

公称压力	活塞密封型式	活塞杆密封型式	
		除 V 型外	V 型
≤16	V 型	0.5	0.75
	O，U，Y，X，组合密封	0.3	0.45
	活塞环	0.1	0.15
>16	V 型	公称压力 ×6%	公称压力 ×9%
	O，U，Y，X，组合密封	公称压力 ×4%	公称压力 ×6%
	活塞环	公称压力 ×1.5%	公称压力 ×2.5%

②单作用液压缸。活塞式单作用液压缸的最低启动压力不得大于表 3-48 的规定；柱塞式单作用液压缸的最低启动压力不得大于表 3-49 的规定；多级套筒式单作用液压缸的最低启动压力不得大于表 3-50 的规定。

表 3-48　活塞式单作用液压缸的最低启动压力

公称压力	活塞密封型式	活塞杆密封型式	
		除 V 型外	V 型
≤16	V 型	0.5	0.75
	除 V 型外	0.35	0.50
20	V 型	公称压力 ×3.5%	公称压力 ×9%
	除 V 型外	公称压力 ×3.4%	公称压力 ×6%

表 3-49　柱塞式单作用液压缸的最低启动压力

公称压力	柱塞杆密封型式	
	O、Y 型	V 型
≤10	0.4	0.5
16	公称压力 ×3.5%	公称压力 ×6%

表 3-50　多级套筒式单作用液压缸的最低启动压力

公称压力	套筒密封型式	
	O、Y 型	V 型
≤16	公称压力 ×3.5%	公称压力 ×5%
20	公称压力 ×4%	公称压力 ×6%

2）内泄漏。双作用液压缸的内泄漏量不得大于表 3-51 的规定；单作用液压缸的内泄漏量不得大于表 3-52 的规定。

表 3-51　双作用液压缸的内泄漏量

缸内径 D/mm	内泄漏量 q_v/mL·min^{-1}	缸内径 D/mm	内泄漏量 q_v/mL·min^{-1}
40	0.03	125	0.28
50	0.05	140	0.30
63	0.08	160	0.50
80	0.13	180	0.63
90	0.15	200	0.70
100	0.20	220	1.00
110	0.22	250	1.10

注：使用组合密封时，允许内泄漏量为规定值的 2 倍。

表 3-52　单作用液压缸的内泄漏量

缸内径 D/mm	内泄漏量 q_v/mL·min^{-1}	缸内径 D/mm	内泄漏量 q_v/mL·min^{-1}
40	0.06	110	0.50
50	0.10	125	0.64
63	0.18	140	0.84
80	0.26	160	1.20
90	0.32	280	1.40
100	0.40	200	1.80

注：使用组合密封圈时允许内泄漏量为规定值的 2 倍；采用沉降量检查内泄漏时，沉降量不超过 0.05mm/min；本规定仅适用活塞式单作用液压缸。

3）负载效率。液压缸的负载效率不得低于 90%。

4）外渗漏。除活塞杆（柱塞杆）处外，不得有渗漏，活塞杆（柱塞杆）静止时不得有渗漏。双作用液压缸、单作用液压缸及多级套筒式单作用液压缸外渗漏量主要包括：

①双作用液压缸。活塞全行程换向 5 万次，活塞杆处外渗漏不成滴。换向 5 万次后，活塞每移动 100m，当活塞杆径 $d \leqslant 50$mm 时，外渗漏量 $q_v \leqslant 0.05$mL；当活塞杆径 $d > 50$mm 时，外渗漏量 $q_v < 0.001d$mL。

②单作用液压缸。主要包括活塞式单作用液压缸及柱塞式单作用液压缸。

活塞全行程换向 4 万次，活塞杆处外渗漏不成滴。换向 4 万次后，活塞杆每移动 80m 时，当活塞杆径 $d \leqslant 50$mm 时，外渗漏量 $q_v \leqslant 0.05$mL；当活塞杆径 $d > 50$mm 时，外渗漏量 $q_v \leqslant 0.001d$mL。

柱塞全行程换向 2.5 万次，柱塞杆处外渗漏不成滴。换向 2.5 万次后，柱塞每移动 65m 时，当柱塞直径 $D \leqslant 50$mm 时，外渗漏量 $q_v \leqslant 0.05$mL；当柱塞直径 $D > 50$mm 时，外渗漏量 $q_v \leqslant 0.001D$mL。

③多级套筒式单作用液压缸。套筒全行程换向 1.6 万次，套筒处外渗漏不成滴。换向 1.6 万次后，套筒每移动 50m 时，当套筒直径 $D \leqslant 70$mm 时，外渗漏量 $q_v \leqslant 0.05$mL；当套筒直径 $D > 70$mm 时，外渗漏量 $q_v \leqslant 0.001D$mL。

注：多级套筒式单作用液压缸，直径 D 为最终一级柱塞直径和各级套筒外径之和的平均值。

5）耐久性。具体包括：

①双作用液压缸，当活塞行程 $L \leqslant 500$mm 时，累计行程不小于 100km，当活塞行程 $L > 500$mm 时，累计换向次数 $N \geqslant 20$ 万次。

②单作用液压缸。活塞式单作用液压缸，当活塞行程 $L \leqslant 500$mm 时，累计行程不小于 100km，当活塞行程 $L > 500$mm 时，累计换向次数 $N \geqslant 20$ 万次；柱塞式单作用液压缸，当柱塞行程 $L \leqslant 500$mm 时，累计行程不小于 75km，当柱塞行程 $L > 500$mm 时，累计换向次数 $N \geqslant 15$ 万次；多级套筒式单作用液压缸，当套筒行程 $L \leqslant 500$mm 时，累计行程不小于 50km；当套筒行程 $L > 500$mm 时，累计换向次数 $N \geqslant 10$ 万次。

③耐久性试验后，内泄漏量增加值不得大于规定值的两倍，零件不应有异常磨损和其他形式的损坏。

6）耐压性。液压缸的缸体应能承受其最高工作压力 1.5 倍的压力，不得有外渗漏及零件损坏等现象。

（3）装配质量。装配质量主要包括：

1）元件装配技术要求应符合 GB/T 7935—1987 中 1.5 ~ 1.8 的规定。

2）内部清洁度。检测方法需符合 JB/T 7858 的规定。具体为：

①双作用液压缸，内腔污染物质量应符合表 3-53 的规定。

②活塞式、柱塞式单作用液压缸，内腔污染物质量应符合表 3-54 的规定。

③多级套筒式单作用液压缸，内腔污染物质量应符合表 3-55 的规定。

表 3-53　双作用液压缸内腔污染物质量

缸内径/mm	污染物质量/mg	缸内径/mm	污染物质量/mg
40 ~ 63	≤35	180 ~ 250	≤135
80 ~ 110	≤60	320 ~ 500	≤260
125 ~ 160	≤90		

注：行程按 1m 计算，行程每增加 1m，污染物质量允许增加指标值的 50%。

表 3-54　活塞式、柱塞式单作用液压缸内腔污染物质量

缸径、柱塞直径/mm	污染物质量/mg	缸径、柱塞直径/mm	污染物质量/mg
<40	≤30	125 ~ 160	≤90
40 ~ 63	≤35	180 ~ 200	≤135
80 ~ 110	≤60		

注：行程按 1m 计算，行程每增加 1m，污染物质量允许增加指标值的 50%。

表 3-55　多级套筒式单作用液压缸内腔污染物质量

套筒外径/mm	污染物质量/mg	套筒外径/mm	污染物质量/mg
50 ~ 70	≤40	110 ~ 140	≤110
80 ~ 100	≤70	160 ~ 200	≤150

注：当行程超过 1m 时，每增加 1m，污染物质量允许增加 50%；多级套筒式单作用液压缸套筒外径 D 为最终一级柱塞直径和各级套筒外径之和的平均值。

（4）外观要求。外观要求应符合 GB/T 7935—1987 中 1.9、1.10 的规定。

3.4.1.2 试验方法

试验方法按 GB/T 15622 的规定进行。

3.4.1.3 检验规则

检验规则主要包括：

（1）检验分类。产品检验分型式检验和出厂检验：

1）型式检验。型式检验指对产品质量进行全面考核，即按标准规定的技术要求进行全面检验。型式检验项目需符合 GB/T 15622—1995 中的规定。

凡属下列情况之一者，应进行型式检验：

①新产品或老产品转厂生产的试制定型鉴定。

②正式生产后，如结构、材料、工艺有较大改变，可能影响产品性能时。

③正常生产时，定期（一般为 5 年）或累积一定产量后周期性检验一次。

④产品长期停产后，恢复生产时。

⑤出厂检验结果与上次型式检验结果有较大差异时。

⑥国家质量监督机构提出进行型式检验要求时。

2）出厂检验。出厂检验指产品交货时必须逐台进行的各项检验。出厂检验项目需符合 GB/T 15622—1995 中的规定，其中耐久性试验（抽检）为 1 万次往复。

（2）抽样。批量产品的抽样方案按 GB/T 2828 的规定进行。具体为：

1）型式检验检查。主要包括：

①合格质量水平（AQL）：2.5。

②抽样方案类型：一次正常抽样方案。

③样本大小：5 台。

注：耐久性试验样本数允许酌情减少。

2）内部清洁度检查。主要包括：

①合格质量水平（AQL）：2.5。

②抽样方案类型：二次正常抽样方案。

③检查水平：一般检查水平Ⅱ。

（3）判定规则。判定规则按 GB/T 2828 的规定进行。

3.4.2 比例/伺服控制液压缸

3.4.2.1 试验装置和试验条件

试验装置和试验条件包括：

（1）试验装置。具体包括：

1）试验原理图。比例/伺服控制液压缸的静态和动态试验原理图如图 3-22 ~ 图 3-24 所示。

2）安全要求。试验装置应充分考虑试验过程中人员及设备的安全，应符合 GB/T 3766—2001 中 4.3 的要求，并有可靠措施，防止在发生故障时，造成电击、机械伤害或高压油射出等伤人事故。

3）试验用比例/伺服阀。试验用比例/伺服阀响应频率应不小于被试液压缸最高试验

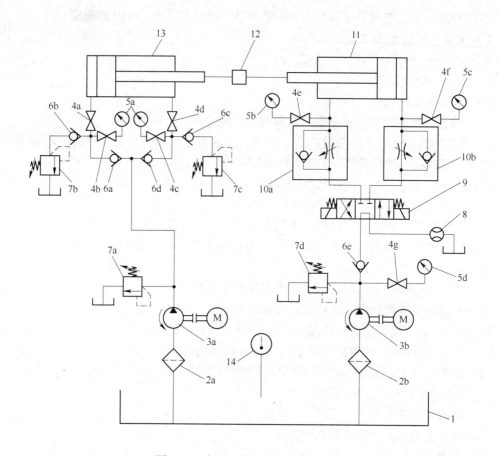

图 3-22   液压缸稳态试验液压原理图

1—油箱；2—过滤器；3—液压泵；4—截止阀；5—压力表；6—单向阀；7—溢流阀；8—流量计；
9—电磁（液）换向阀；10—单向节流阀；11—被试液压缸；12—力传感器；13—加载缸；14—温度计

频率的 3 倍。其额定流量应满足被试液压缸的最大运动速度要求。

4）液压源。试验装置的液压源应满足试验用的压力，确保比例/伺服阀的供油压力稳定，并满足动态试验的瞬间流量需要，应有温度调节、控制和显示功能，应满足液压油液污染度等级要求。

5）管路及测压点位置。具体要求包括：

①试验装置中，试验用比例/伺服阀与被试液压缸之间的管路应尽量短，且尽量采用硬管，管径在满足最大瞬时流量前提下，应尽量小。

②测压点应符合 GB/T 28782.2—2012 中 7.2 的规定。

6）仪器。具体要求包括：

①自动记录分析仪器应能测量正弦输入信号之间的幅值比和相位移。

②可调振幅和频率的信号发生器应能输出正弦波信号，可在 0.1Hz 到试验要求的最高频率之间进行扫频，还应能输出正向阶跃和负向阶跃信号。

③试验装置应具备对被试液压缸的速度、位移、输出力等参数进行实时采样的功能，采样速度应满足试验控制和数据分析的需要。

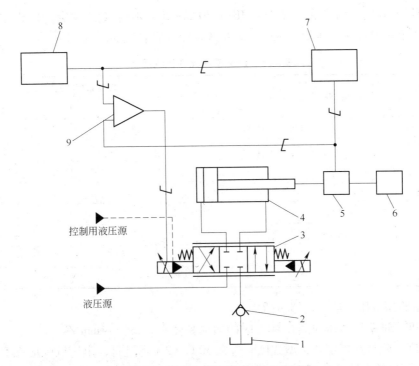

图 3-23 活塞缸动态试验液压原理图

1—油箱；2—单向阀；3—比例/伺服阀；4—被试比例/伺服控制液缸；5—位移传感器；6—加载装置；
7—自动记录分析仪器；8—可调振幅和频率的信号发生器；9—比例/伺服放大器

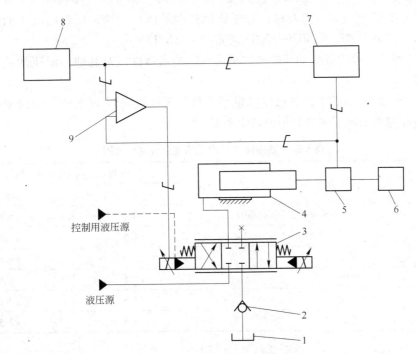

图 3-24 柱塞缸动态试验原理图

1—油箱；2—单向阀；3—比例/伺服阀；4—被试比例/伺服控制液压；5—位移传感器；6—加载装置；
7—自动记录分析仪器；8—可调振幅和频率的信号发生器；9—比例/伺服放大器

7）测量准确度。测量准确度按照 JB/T 7033—2007 中 4.1 的规定，型式试验采用 B 级，出厂试验采用 C 级。测量系统的允许系统误差应符合表 3-56 的规定。

表 3-56　测量系统允许系统误差

测量参量		测量系统的允许误差	
		B 级	C 级
压　力	$p < 0.2$MPa 表压时/kPa	±3.0	±5.0
	$p \geqslant 0.2$MPa 表压时/kPa	±1.0	±1.5
温度/℃		±1.0	±2.0
力/%		±1.0	±1.5
速度/%		±0.5	±1.0
时间/ms		±1.0	±2.0
位移/%		±0.5	±1.0
流量/%		±1.5	±2.5

（2）试验用液压油液。具体包括：

1）黏度。试验用液压油液在 40℃ 时的运动黏度应为 29 ~ 74mm²/s。

2）温度。除特殊规定外，型式试验应在 50℃ ±2℃ 下进行，出厂试验应在 50℃ ±4℃ 下进行。出厂试验可降低温度，在 15 ~ 45℃ 范围内进行，但检测指标应根据温度变化进行相应调整，保证在 50℃ ±4℃ 时能达到产品标准规定的性能指标。

3）污染度。对于伺服控制液压缸试验，试验用液压油液的固体颗粒污染度不应高于 GB/T 14039—2002 规定的 –/17/14；对于比例控制液压缸试验，试验用液压油液的固体颗粒污染度不应高于 GB/T 14039—2002 规定的 –/18/15。

4）相容性。试验用液压油液应与被试液压缸的密封件以及其他与液压油液接触的零件材料相容。

（3）稳态工况。试验中，各被控参量平均显示值在表 3-57 规定的范围内变化时为稳态工况。应在稳态工况下测量并记录各个参量。

表 3-57　被控参量平均显示值允许变化范围

被控参量		平均显示值允许变化范围	
		B 级	C 级
压　力	$p < 0.2$MPa 表压时/kPa	±3.0	±5.0
	$p \geqslant 0.2$MPa 表压时/kPa	±1.5	±2.5
温度/℃		±2.0	±4.0
力/%		±1.5	±2.5
速度/%		±1.5	±2.5
位移/%		±1.5	±2.5

3.4.2.2　试验项目和试验方法

试验项目和试验方法主要包括：

（1）试运行。应按照 GB/T 15622—2005 的 6.1 进行试运行。

（2）耐压试验。使被试液压缸活塞分别停留在行程的两端（单作用液压缸处于行程的极限位置），分别向工作腔施加 1.5 倍额定压力，型式试验应保压 10min，出厂试验应保压 5min。观察被试液压缸有无泄漏和损坏。

（3）启动压力特性试验。试运行后，在无负载工况下，调整溢流阀，使被试液压缸一腔压力逐渐升高，至液压缸启动时，记录测试过程中的压力变化，其中的最大压力值即为最低启动压力。对于双作用液压缸，此试验正、反方向都应进行。

（4）动摩擦力试验。在带负载工况下，使被试液压缸一腔压力逐渐升高，至液压缸启动并保持匀速运动时，记录被试液压缸进、出口压力（对于柱塞缸，只记录进口压力）。对于双作用液压缸，此试验正、反方向都应进行。动摩擦力按式 3-57 计算。

$$f = (p_1 A_1 - p_2 A_2) - F \qquad (3-57)$$

式中　f——动摩擦力，N；

　　　p_1——进口压力，MPa；

　　　p_2——出口压力，MPa；

　　　A_1——进口腔活塞有效面积，mm^2；

　　　A_2——出口腔活塞有效面积，mm^2；

　　　F——负载力，N。

（5）阶跃响应试验。调整油源压力到试验压力，试验压力范围可选定为被试液压缸额定压力的 10%～100%。

在液压缸的行程范围内，距离两端极限行程位置 30% 缸行程的中间区域任意位置选取测试点，调整信号发生器的振幅和频率，使其输出阶跃信号，根据工作行程给定阶跃幅值（幅值范围可选定为被试液压缸工作行程的 5%～100%）。利用自动分析记录仪记录试验数据，绘制阶跃响应特性曲线，根据曲线确定被试液压缸的阶跃响应时间。

对于双作用液压缸，此试验正、反方向都应进行。

对于两腔面积不一致的双作用液压缸，应采取补偿措施，确保正、反方向阶跃位移相等。

（6）频率响应试验。调整油源压力到试验压力，试验压力范围可选定为被试液压缸额定压力的 10%～100%。

在液压缸的行程范围内，距离两端极限行程位置 30% 缸行程的中间区域任意位置选取测试点，调整信号发生器的振幅和频率，使其输出正弦信号，根据工作行程给定幅值（幅值范围可选定为被试液压缸工作行程的 5%～100%），频率由 0.1Hz 逐步增加到被试液压缸响应幅值衰减到 -3dB 或相位滞后 90°，利用自动分析记录仪记录试验数据，绘制频率响应特性曲线，根据曲线确定被试液压缸的幅频宽及相频宽两项指标，取两项指标中较低值。

对于两腔面积不一致的双作用液压缸，应采取补偿措施，确保正、反方向位移相等。

（7）耐久性试验。在设计的额定工况下，使被试液压缸以指定的工作行程，以设计要求的最高速度连续运行，速度误差为 ±10%。一次连续运行 8h 以上。在试验期间，被试液压缸的零件均不得进行调整。记录累积运行的行程。

（8）泄漏试验。应按照 GB/T 15622—2005 的 6.5 分别进行内泄漏、外泄漏以及低压下的爬行和泄漏试验。

（9）缓冲试验。当被试液压缸有缓冲装置时，应按照 GB/T 15622—2005 的 6.6 进行缓冲试验。

（10）负载效率试验。应按照 GB/T 15622—2005 的 6.7 进行负载效率试验。

（11）高温试验。应按照 GB/T 15622—2005 的 6.8 进行高温试验。

（12）行程检验。应按照 GB/T 15622—2005 的 6.9 进行行程检验。

3.4.2.3　型式试验

型式试验应包括下列项目：

（1）试运行（见 3.4.2.2 中（1））。

（2）耐压试验（见 3.4.2.2 中（2））。

（3）启动压力特性试验（见 3.4.2.2 中（3））。

（4）动摩擦力试验（见 3.4.2.2 中（4））。

（5）阶跃响应试验（见 3.4.2.2 中（5））。

（6）频率响应试验（见 3.4.2.2 中（6））。

（7）耐久性试验（见 3.4.2.2 中（7））。

（8）泄漏试验（见 3.4.2.2 中（8））。

（9）缓冲试验（当对产品有此要求时）（见 3.4.2.2 中（9））。

（10）负载效率试验（见 3.4.2.2 中（10））。

（11）高温试验（当对产品有此要求时）（见 3.4.2.2 中（11））。

（12）行程检验（见 3.4.2.2 中（12））。

3.4.2.4　出厂试验

出厂试验应包括下列项目：

（1）试运行（见 3.4.2.2 中（1））。

（2）耐压试验（见 3.4.2.2 中（2））。

（3）启动压力特性试验（见 3.4.2.2 中（3））。

（4）动摩擦力试验（见 3.4.2.2 中（4））。

（5）阶跃响应试验（见 3.4.2.2 中（5））。

（6）频率响应试验（见 3.4.2.2 中（6））。

（7）泄漏试验（见 3.4.2.2 中（8））。

（8）缓冲试验（当对产品有此要求时）（见 3.4.2.2 中（9））。

（9）行程检验（见 3.4.2.2 中（12））。

4 液压试验台安装、调试与维护

4.1 液压试验台的安装

4.1.1 一般注意事项

安装调试一台新的液压试验台，一般注意事项如下：

（1）安装前，要准备好适用的通用工具和专用工具，严禁诸如用起子代替扳手、任意敲打等不符合操作规程的装配现象。

（2）安装装配前，对装入主机的液压件和辅件须严格清洗，去除有害于工作液的防锈剂和一切污物。液压件和管道各油口所有的堵头、塑料塞子，管堵等随着工程的进展逐步拆除，而不要先行卸掉，防止污物从油口进入元件内部。

（3）必须保证油箱的内外表面、主机的各配合表面及其他可见组成元件是清洁的。

（4）与工作液接触的元件外露部分（如活塞杆）应予以保护，以防污物进入。

（5）油箱盖、管口和空气滤清器须充分密封，以保证未被过滤的空气进入液压系统。

（6）在油箱上或近油箱处，应提供说明油品类型及系统容量的铭牌。

（7）将设备指定的工作液过滤到要求的清洁度水准，然后才可注入系统。

（8）液压装置与工作机构连接在一起，才能完成预定的动作，因此要注意二者之间的连接装配质量（如同心度、相对位置、受力状况、固定方式及密封好坏等）。

4.1.2 液压试验台的液压泵、液压马达安装

液压试验台的液压泵、液压马达安装需要注意的有：

（1）泵轴与电动机。驱动轴连接的联轴器安装不良是噪声振动的根源，因而要安装同心，同轴度应在 0.1mm 以内，两者轴线倾角不大于 1°。一般采用挠性联接，避免用三角皮带或齿轮直接带动泵轴转动（单边受力），并避免过力敲击泵轴和液压马达轴，以免损伤转子。

（2）泵的旋向要正确。泵与液压马达的进出油口不得接反，以免造成故障与事故。

（3）泵与马达支架或底板应有足够的强度和刚度，防止产生振动。

（4）泵的吸油高度应不超过应用说明书中的规定（一般为 500mm），安装时尽量靠近油箱油面。

（5）泵吸油管不得漏气，以免空气进入系统，产生振动和噪声。

4.1.3 液压试验台的液压缸安装

液压试验台的液压缸安装需要注意的有：

（1）液压缸安装时，先要检查活塞杆是否弯曲，特别对长行程液压缸。活塞杆弯曲会造成缸盖密封损坏，导致泄漏、爬行和动作失灵。并且加剧活塞杆的偏磨损。

（2）液压缸轴心线应与导轨平行。特别注意活塞杆全部伸出时的情况。若二者不平行，会产生较大的侧向力，造成液压缸别劲，换向不良，爬行和液压缸密封破损失效等故障。一般可以以导轨为标准，用百分表调整液压缸，使活塞杆（伸出）的侧母线与 V 形导轨平行，上母线与平导轨平行，允差为 0.04 ~ 0.08mm/m。

（3）活塞杆轴心线对两端支座的安装基面，其平行度误差不得大于 0.05mm。

（4）对行程较长的液压缸，活塞杆与工作台的连接应保持浮动（以球面副相连），以补偿安装误差产生的别劲和补偿热膨胀的影响。

4.1.4　液压试验台的控制阀安装

安装前应参阅有关资料了解该元件的用途、特点和安装注意事项。其次要检查购置的液压件外观质量和内部锈蚀情况，检查是否为合格品，必要时返回制造单位修复或更换，一般不要自行拆卸。其安装步骤如下：

（1）安装前，先用干净煤油或柴油（忌用汽油）清洗元件表面的防锈剂及其他污物，此时注意不可将塞在各油口的塑料塞子拔掉，以免脏东西进入阀内。

（2）对自行设计制造的专用阀应按有关标准进行如性能试验，耐压试验等。

（3）板式阀类元件安装时，要检查各油口的密封圈是否漏装或脱落，是否突出安装平面而有一定的压缩余量，各种规格同一平面上的密封圈突出量是否一致，安装 O 形圈各油口的沟槽是否拉伤，安装面上是否碰伤等，作出处置后再进行装配。O 形圈涂上少许黄油可防止脱落。

（4）板式阀的安装螺钉（多为四个）要对角逐次均匀拧紧。不要单钉独进，这样会造成阀体变形及底板上的密封圈压缩余量不一致造成漏油和冲出密封圈。

（5）板式阀中流量阀进出油口对称，进出油口容易装反。压力阀中，阀安装底面各类阀外形相似，容易出现将溢流阀装成减压阀之类的错误。

（6）对管式阀，为了安装与使用方便，往往有两个进油口或两个出油口，安装时应将不用的油口用螺塞堵死或做其他处理，以免运转时喷油或产生故障。

（7）电磁换向阀一般宜水平安装，垂直安装时电磁铁一般朝上（单电磁铁阀），设计安装板时应考虑好。

（8）溢流阀（先导式）的一遥控口，当不采用远程控制时，应用螺塞堵住（管式）或安装板不钻通（板式）。

4.1.5　液压试验台的辅助元件安装

液压系统中的辅助元件，包括管路及管接头，过滤器、油冷却器、密封件、蓄能器及仪器仪表等，其安装好坏也会严重影响到液压系统的正常工作，不容许有丝毫的疏忽。

在设计中，就要考虑好这些辅助元件的正确位置配置。尽量考虑使用、维修和调整上的方便并注意整齐美观。下面着重介绍油管的安装。

管路的安装质量影响到漏油、漏气、振动和噪声以及压力损失的大小，并由此会产生多种故障。管路的安装应注意下列事项：

（1）油管长度要适宜。施工中可先用铁丝比画弯成所需形状，再展直决定出油管长度。完全按照设计图往往长度不十分准确。

（2）在满足连接的前提下，管道尽可能短，避免急拐弯，拐弯的位置越少越好，以减少压力损失。

（3）平行及交叉的管道间距，至少10mm以上，防止相互干扰及振动引起管道的相互敲击碰擦。

（4）油管可用冷弯（铜管），也可以用热弯（钢管）。热弯弯毕的管子应将管内氧化皮去掉。

（5）吸油管宜短宜粗些，一般吸油管口都装有过滤器，过滤器必须至少在油面以下200mm。对于柱塞泵的进油管，推荐管口不装过滤器，可将管口处切成45°斜面，斜面孔朝向箱壁。

（6）液压系统的回油管尽量远离吸油管并应插入油箱油面之下，可防止回油飞溅而产生气泡并很快被吸进泵内。回油管管口应切成45°斜面以扩大通流面积改善回油流动状态以及防止空气反灌进入系统内。

（7）溢流阀的回油为热油，应远离吸油管，这样可避免热油未经冷却又被吸入系统，造成温升。

（8）各类管路的流速选择情况可参考表4-1或者参考液压工程手册推荐数据。

表4-1

项　　目	选择流速范围/m·s⁻¹	管子内径	项　　目	选择流速范围/m·s⁻¹	管子内径
高压管路	4~6		控制油路	1.5~2.5	V——流速
中低压管路	2~3		充液油路	1~2	d——管内径
回油管路	1.5~2.5	$d = \sqrt{\dfrac{4Q}{\pi V}}$	阀口流速	5~9	
吸油管路	0.6~1.5	Q——通过的流量，m³/s			

4.1.6　液压试验台的加油

按规定往设备加进牌号相符、数量足够的清洁油液。加入新油时，必须对新油进行过滤，方可加入油箱。

4.2　液压试验台的调试

4.2.1　液压试验台调试前的准备工作

4.2.1.1　做好技术准备，熟悉被调试设备

先仔细阅读设备使用说明书，全面了解液压设备的用途、技术性能、主要结构、设备精度标准、使用要求、安全技术要求、操作使用方法、试车注意事项等。

消化好"液压系统图"，弄清液压系统的工作原理和性能要求，是"全液压"还是某一部分为液压职能，为此必须明确液压、机械与电气三者的彼此功能和彼此联系，动作顺序和连锁关系，熟悉液压系统中各元件在设备上的实际位置，其作用、性能、结构原理及调整方法。还要分析液压系统整个动作循环的步骤，包括在液压系统图上画出的图示位置

和在液压系统图上未画出的非图示位置时的油路循环情况，压力、流量情况。对有可能发生设备安全事故的部位如何采取有效的预防和可靠的应变措施等。

在上述考虑的基础上确定调试内容，步骤及调试方法。

4.2.1.2　调试前的检查

调试前的检查主要包括：

（1）试机前对裸露在外表的液压元件及管路等再进行一次擦洗，擦洗时用丝绸或海绵，禁用棉纱。

（2）导轨、各加油口及其他滑动副按要求加足润滑油。

（3）检查油泵旋向、液压缸、液压马达及液压泵的进出油管是否接错。

（4）检查各液压元件，管路等连接是否正确可靠，安装错了的予以更正。

（5）检查各手柄位置，确认"停止"、"后退"及"卸荷"等位置，各行程挡块紧固在合适位置。

（6）旋松溢流阀调压手柄，适当拧紧安全阀手柄，使溢流阀调至最低工作压力。流量阀调至最小。

（7）合上电源。

4.2.2　液压试验台的调试

液压试验台的调试主要包括：

（1）点动。先点动液压泵，观察液压泵转向是否正确，若电源接反不但无油液输出，有时还可能出事故，因此切记运转开始时只能"点动"。待泵声音正常并连续输出油液以及无其他异常现象时，方可投入连续运转和空载调试。对于调试安装轴向的柱塞泵时，必须对其泄油口注入油液，直到注满整台泵内。

（2）空载运行。先进行 10～20 分钟低速运转，有时需要卸掉液压缸或油马达与负载的连接。特别是在寒冷季节，这种不带载荷低速运转（暖机运转）尤为重要，某些进口设备对此往往有严格要求，有的装有加热器使油箱油液升温。对在低速低压能够运行的动作先进行试运行。

（3）逐渐均匀升压加速，具体操作方法是反复拧紧又立即旋松溢流阀、流量阀等的压力或流量调节手柄数次，并以压力表观察压力的升降变化情况和执行元件的速度变化情况，油泵的发热、振动和噪声等状况。发现问题有针对性地分析解决。

（4）按照动作循环表结合电气机械先调试各单个动作，再转入循环动作调试，检查各动作是否协调。调试过程中普遍会出一些问题，诸如爬行、冲击与不换向等故障，特别是对复杂的国产和进口设备，如果出现大的问题，可进行会诊，必要时可求助于液压设备生产厂家。

（5）最后进入满负载调试，即按液压设备技术性能进行最大工作压力和最大（小）工作速度试验，检查功率、发热、噪声振动、高速冲击、低速爬行等方面的情况。检查各部分的漏油情况，往往空载不漏的部位压力增高时却漏油。发现问题，及时排除，并作出书面记载。

（6）经上述方法调试好的液压设备，一般不要再动。对长期不用的设备，应将压力阀的弹簧松开，防止弹簧产生永久变形而影响到机械设备启用时出现各类故障，影响性能。

4.3 液压试验台的维护

液压试验台的液压系统的使用中应贯彻维护为主，修理为辅的原则。加强日常维护工作，就能减少设备事故的发生。

产生故障的各种因素总是由发生到发展，最终导致系统不能工作，因此维护工作的任务就是及时发现一切不利因素，并将其消失在故障发生之前。应对液压系统工作过程中的一些表面现象进行严密监视，如液压缸和液压马达的运动速度，仪表指示的油压，油中杂质量，漏油情况，运转声响，振动情况，油液及元件局部发热情况，油箱中的液位高度，有无泡沫等。当发现有不正常现象时，应查找原因，采取措施，使之恢复正常。

液压系统的日常维护工作主要有以下几点：

（1）液压试验台应制定维护规程，建立保养维护记录档案。试验室维护人员必须对液压系统及其正常工作情况有深入了解。以下几个问题是液压系统维护工作中必须特别注意的：

1）注意油温及元件温度，防止发热。

2）油的污染度是否符合要求。

3）防止各连接处发生松动。液压系统很容易因液压缸换向产生液压冲击，从而引起振动，一般管道的螺纹联接处会因此而松动，导致密封不良。故必须经常检查管道的螺纹联接有无松动。管道支架的螺栓松了，或管道支架间距过大，都能使管道的振动加剧，影响管接头的螺纹联接状况，不可忽视。

4）保证密封效果。对系统中各密封部件应经常检查其有无变质、老化，漏油现象。对密封效果不良者，应立即更换密封件。有条件最好应定期更换。

5）检查油箱及蓄能器的液位。油箱及蓄能器液位大幅度降低是系统有大量漏油的最明显表现。当液位过低，系统中会吸入大量空气。虽然都设置有低液位自动报警装置，但液位的降低幅度可作为判断有无严重漏油的依据，必须依靠平时的检查记录。

6）随时注意系统中各元件的工作动态、声响等，以判断其工作是否正常。

7）对系统各部分压力进行监视，尽可能不要在超载状态下工作，以防损坏元件或使元件工作寿命降低。

8）注意检测仪表的准确度，并定期进行校核，以保证各仪表的精确度。

在工作中可根据系统情况和实际经验，制订维护规程，规定各项工作的要求和检修周期。

在日常维护工作中，应根据维护规程，对系统和元件在工作中的各种表面现象及其变化趋势作详细的记录，建立起保养维护档案，以便掌握和分析情况，积累资料，摸索规律，取得解决问题的主动权。

（2）液压试验台应保持油的清洁度。油液的纯净程度是决定液压系统能否正常工作的重要因素之一，而且其纯净度也是在不断变化的因素。据有关统计资料，液压系统的故障有75%是由于液压油不纯净造成的。因此维护工作中必须重视油的纯净性，认真对待，维护工作可从以下几方面着手：

1）防止外界杂质进入系统。在灌新油时必须过滤，一切工具都必须干净。元件不要轻易拆卸，卸下的零件必须严格保持干净，存放于无尘地点。元件各零件的清洗、检查和安装应在无尘地区进行，以尽量减少杂质进入系统的机会。装卸工作要保持完好，防止碎屑落入元件中，尽量使用皮锤、塑料锤等不易产生颗粒状或纤维状碎屑的工具。

2）除去系统产生的杂质。除去系统产生的杂质，并防止油液变质产生沉积物，通常系统中都设有过滤器，平时，应经常检查过滤器有无堵塞，并定期清洗过滤器和更换滤芯，以保证过滤器的正常工作。

油箱中的沉积物必须除干净，可趁换油之际进行。

当系统中油液已严重变质，在换油同时，必须对整个系统以该系统所用油液进行冲洗，而且油液中不得含有水分，也不能与其他牌号油液混合，更不能用溶解剂，防止已变质的残液或水分使新油很快变质。

3）定期检验油的污染度和物化性能。油的检验项目主要有两个方面：一是检验油的物理和化学性能（如黏度、比重、闪点、酸度、含水量、水溶性酸碱量以及做铜片腐蚀试验、抗乳化试验、防锈试验、氧化试验等）；二是检验油中杂质颗粒的大小和数量（即油的污染度检验）。

油的性能一般是六个月检验一次。在使用后的前半年中应每三个月检验一次。对于油的污染度检验一般是一个月一次。在使用后一周就检验一次，以后每个月一次。

当油的性能或污染度都不合格时，就应更换新油。为了避免不合格的油在未发现前继续工作，造成液压元件的损伤，现广泛推行定期更换油液制度。一般两到三年更换一次。换油周期可由实际经验确定。

5　测试报告

　　液压元件性能参数是通过实验台检测获取，其参数或性能曲线为应用液压元件的用户提供重要依据。本章所提供的测试报告样本仅供使用者参考。使用者也可根据相关标准和本单位的具体要求重新制定测试报告。

5.1　液压泵

　　液压泵测试报告为：
　　委托单位：

泵型号：			泵编号：		试验电动机编号：		
流量计：			压力表：		测试精度：B；C		
转速表：			功率：		性能容差：I；II		
规定参数值	流量：	m³/h	转速：	r/min	电动机功率：		kW
	出口压力：	MPa	轴功率：	kW	泵效率：		%
	进口压力：	MPa	黏度：	mm²/s	安全阀全回流压力：		MPa
试验转速下的数值：							
测试点序号							
实测转速 n_i		r/min					
黏度 V_i	实测油温	℃					
	查黏温曲线值	mm²/s					
出口压力表示值 G_d		MPa					
进口压力表示值 G_s		MPa					
实际流量 Q_i	测试值	m³/h					
	计算值	m³/h					
实测轴功率 P_i	测试值	kW					
	计算值	kW					
转换到规定压力、转速、黏度下的计算值：							
流量 Q_{in}		m³/h					
轴功率 P_{in}		kW					
容积效率 η_F		%					
泵效率 η		%					
必需汽蚀余量 NPSHR		m					
安全阀全回流压力 P_k		MPa					
责任者		试验者	试验负责人		检验员		检验单位
签字/日期							

5.2 液压缸

液压缸测试报告为：

委托单位：

试验类别		实验室名称		试验日期	
试验用油液类型		油液污染度		操作人员	

被试液压缸特征	类 型					
	缸径/mm					
	最大行程/mm					
	活塞杆直径/mm					
	油口及其连接尺寸/mm					
	安装方式					
	缓冲装置					
	密封件材料					
	制造商名称					
	出厂日期					

序号	实验项目	产品指示值	试验测量值 被试产品编号			结果报告	备注
			001	002	003		
1	试运转						
2	启动压力特性试验						
3	耐压试验						
4	缓冲试验						
5	泄漏试验						
6	负载效率试验						
7	高温试验						
8	耐久性试验						
9	行程检查						

5.3 控制阀

控制阀测试报告主要包括流量阀测试报告及压力阀测试报告。

流量阀测试报告（根据流量阀型式可参考有关标准）为：

委托单位：

阀厂家			阀类型		阀规格	
通　径			最高压力		最大流量	
试验用油	油温		报告日期		送检日期	
	型号					
测试项目		检测值			结论	
耐压压力						
外泄流量						
一、稳态流量-压力特性曲线						
二、控制部件调节"力"						
三、流量-控制时间瞬态特性曲线						
综合结论：						

审核：　　　　　　　　　　　　　　试验：　　　　　　　　　　　编制：

压力阀测试报告（根据压力阀型式可参考有关标准）为：

委托单位：

阀厂家			阀类型		阀规格	
通径			压力		流量	
试验用油	油温		报告日期		送检日期	
	型号					
测试项目		检测值			结论	
耐压压力						
最高工作压力						
最高可调压力						
最大流量						
一、稳态压力-流量特性曲线						
二、控制部件调节"力"						
三、流量或压力阶跃压力响应特性曲线						
四、卸压、建压特性						
综合结论：						

审核：　　　　　　　　　　　　　　试验：　　　　　　　　　　　编制：

5.4　比例/伺服阀

比例/伺服阀测试报告为：

委托单位：

伺服阀类型		系列号			元件编号	
额定流量		供油压力			回油压力	
额定输入		试验用油	油温		线圈连接方式	
			型号			
颤振波形		颤振幅值			颤振频率	
试验标准		送检日期			报告日期	
试验项目	检测值				结论	
绝缘电阻						
线圈电阻						
进油口耐压						
内泄漏						
回油口耐压						
额定信号输出流量						
流量增益						
线性度						
迟滞						
死区						
对称性						
极性						
阈值						
压力增益						
压力零漂						
幅/相频率						
阶跃响应时间						

说明：一般稳态测试需附"阀输出流量—输入信号特性曲线"、"负载压差—输入信号特性曲线"；动态测试需附"频率响应特性曲线"、"阶跃响应特性曲线"；其余"内泄漏—输入信号特性曲线"、"阈值特性曲线"、"节流调节特性曲线"、"输出流量—负载压差特性曲线"、"输出流量—阀压差特性曲线"、"极限功率特性曲线"根据要求选附。

审核：　　　　　　　　　　　试验：　　　　　　　　　　　编制：

5.5　比例／伺服控制液压缸

5.5.1　比例／伺服控制液压缸试验报告

比例／伺服控制液压缸试验报告为：

委托单位：

试验类别			油温		试验日期		
试验用液压油液类型			液压油液污染度		试验室名称（盖章）		
试验装置名称			被试产品编号		检验操作人员		
打压腔（正反向试验）				加载方式			
被试液压缸特征	类型			油口尺寸/mm			
	额定压力			安装方式			
	工作压力			缓冲装置			
	缸径/mm			密封件材料			
	活塞杆直径/mm			制造商名称			
	缸行程/mm			出厂日期			
	工作行程/mm						
序号	试验项目		技术要求		试验测量值	试验结果	备注
1	试运行						
2	耐压试验						
3	启动压力特性试验						
4	动摩擦力试验						
5	阶跃响应试验						
6	频率响应试验						
7	泄漏试验	内泄漏					
		外泄漏					
		低压下爬行和泄漏					
8	缓冲试验						
9	负载效率试验						
10	高温试验						
11	耐久性试验						
12	行程检验						

5.5.2　比例／伺服控制液压缸特性曲线

如图 5-1 ~ 图 5-4 所示，分别为比例／伺服控制液压缸试验测试的频率响应特性曲线、阶跃响应特性曲线、动摩擦力特性曲线及启动压力特性曲线。

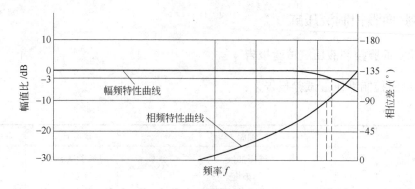

图 5-1　频率响应特性曲线

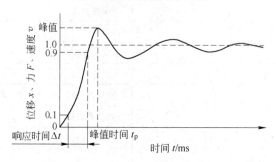

图 5-2　阶跃响应特性曲线

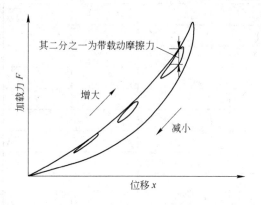

图 5-3　动摩擦力特性曲线

注：本图为一种加载滞环，测出被试液压缸伸出及缩
　　回的驱动力滞环曲线，在闭环中，正反曲线纵坐
　　标最大差值的二分之一为该液压缸所测位置的带
　　载动摩擦力，计算公式：$2f = A_1(p_1 - p'_1)$，其中
　　p_1 为伸出时进口腔压力，p'_1 为缩回时出口腔压
　　力，A_1 为活塞有效面积。

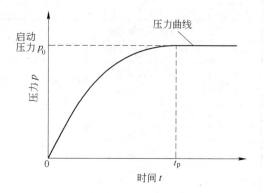

图 5-4　启动压力特性曲线
（t_p 为缸启动时压力到最高值的时间）

6 液压元件性能检测综合试验台

应用液压元件和液压系统较多的厂矿企业，一般情况下，均建有液压元件综合试验台，由于液压元件种类繁多，性能要求不一，需要建有多种试验台，为了节省人力、财力资源，采用建设综合试验台，即动力源共用，设计不同测试回路，安装不同的测试仪表等，基本上能实现多种液压元件性能测试要求。

本章将以某钢铁企业的液压元件综合试验台为例，对液压系统设计、电控系统设计、测试系统设计、关键元件选型等进行介绍。

6.1 综合试验台功能介绍

该测试系统完成电液比例方向阀、电液比例压力阀、电液比例流量（节流）阀的相关性能指标进行测试，同时对缸径为 $\phi320$、行程 4m 以下的各类液压缸进行出厂试验，具体测试项目如表 6-1 所示。

表 6-1　测试项目表

序　号	测 试 对 象	测 试 项 目
1	电液比例/伺服方向阀	流量特性曲线
		阶跃响应曲线
2	电液比例溢流阀	调压特性曲线
		压力流量关系曲线
		起始压力流量关系曲线
3	电液比例减压阀	调压特性曲线
		压力流量关系曲线
		起始压力流量关系曲线
4	电液比例流量阀	流量特性曲线
		阶跃响应曲线
5	液压缸	试运转
		耐压试验
		内泄漏试验
		全行程往复运动
		启动压力试验

6.2 综合试验台组成

综合试验台如图 6-1 所示，主要由液压系统、电控系统和测试系统组成。液压系统由油箱、液压泵、各种液压阀、阀块、阀架等组成，是液压元件性能测试的基础；电控系统包括控制台、电控柜、可编程控制器、继电器、交流接触器等，完成电动机的启停，液压系统阀门的控制及故障报警；测试系统包括工控机、测试软件、数据采集卡、信号调理板、各种传感器等，完成被测元件指令信号的输出、传感器信号的前期处理与采集、数据分析、测试结果计算与显示、报表打印等。

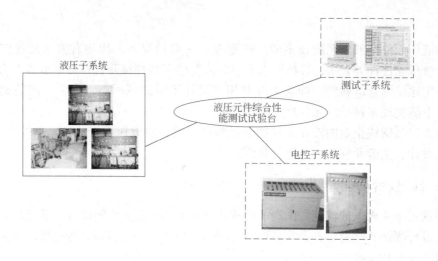

图 6-1　综合试验台组成

6.3　综合试验台液压系统及电控系统

6.3.1　液压系统原理简介

图 6-2 为综合试验台液压系统原理图，A 区域为油箱和电机泵组，为液压系统提供油源；B 区域为调压部分，调整系统压力；C 区域为冷却部分，控制液压油温度；D 区域为液压缸测试部分；E 区域为比例方向阀测试部分；F 区域为比例减压阀、比例溢流阀、比例调速阀测试部分；G 区域为流量计切换部分，根据被测阀类型的不同对流量进的通道进行切换。

6.3.2　电控系统的设计及关键元件选型

电控系统主要完成电动机启停，调压部分、冷却部分阀门控制，液压系统故障报警。

电控系统包括计算机台（FP1）、控制台（FP2）、电机控制柜（NP1）、油箱部分电气元件、阀测试平台电气元件、缸测试平台电气元件，系统组成如图 6-3 所示。

计算机台中工控机装有测试软件和数据采集卡，测试软件功能见 6.4 节，数据采集卡完成数字信号和模拟信号之间的转换。

控制台台面安装数码表、按钮、选择开关、电位器。控制台内部安装有可编程控制器（PLC）、信号调理板、比例放大器、15V 和 24V 开关电源及空气短路器。

电机控制柜柜门安装有电压表、电流表、运行指示灯。柜内安装有空气断路器、交流接触器、热继电器、中间继电器、互感器等。

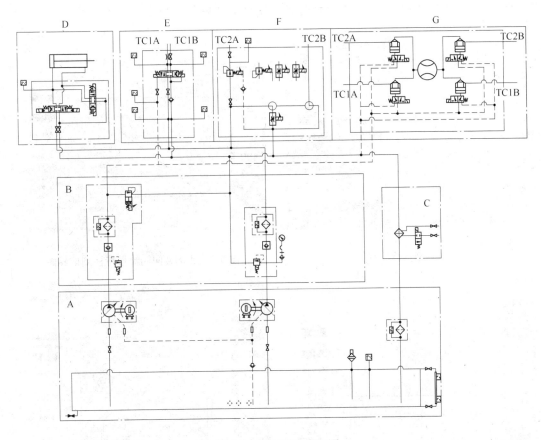

图 6-2 液压系统原理图

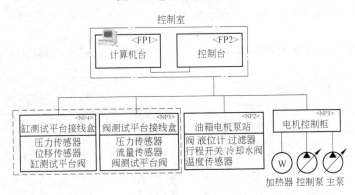

图 6-3 电控系统组成

　　液压缸测试平台、阀测试平台、油箱部分的传感器输出信号、阀输入信号等，均接入控制台。

6.4 测试软件介绍

　　测试软件是基于 VC + + 2006 平台开发，针对综合试验台测试项目，主要完成板卡调试、参数设置、斜坡和阶跃信号的给出、数据处理及保存、测试曲线的绘制及打印等工作。如图6-4～图6-10所示，为测试软件首页及各测试界面。

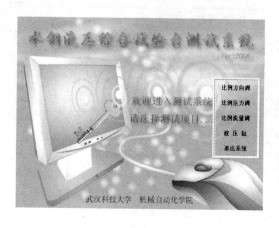

图6-4　测试软件首页

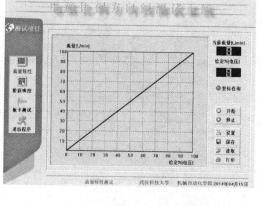

图6-5　比例方向阀流量特性测试界面

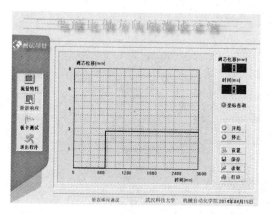

图6-6　比例方向阀阶跃响应测试界面

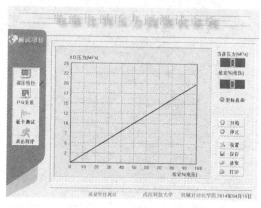

图6-7　比例压力阀调压特性测试界面

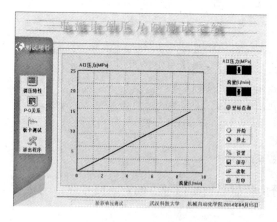

图6-8　比例压力阀压力流量关系测试界面

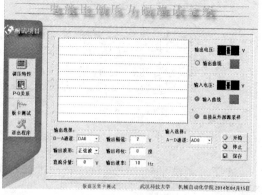

图6-9　板卡测试界面

　　该综合实验台在测试应用中，工作性能良好，完全能达到原设计要求。液压元件性能检测的技术水平不断提高，检测装置不断完善，如韶关液压件厂有限公司与武汉科技大学

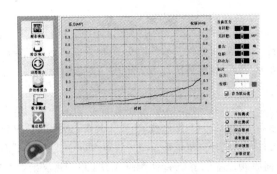

图 6-10　液压缸启动摩擦力测试界面

合作，已开发出万吨 AGC 伺服液压缸测试系统和元件，能检测 AGC 伺服液压缸动、静态性能，为我国在液压元件性能检测技术方面作出了贡献。今后，在同行们的共同努力下，液压元件性能检测技术能取得更大进步。

参 考 文 献

[1] 湛从昌，付连东，陈新元. 液压可靠性与故障诊断[M]. 北京：冶金工业出版社，2009.

[2] 湛从昌，陈奎生，陈新元，等. 伺服液压缸第2部分：试验方法[M]. 广州：广东省质量技术监督局，2013.

[3] 金晓宏，朱学彪，李远慧，等. 液压传动实验指导书[M]. 北京：中国电力出版社，2009.

[4] 史纪定，稽光国. 液压系统故障诊断与维修技术[M]. 北京：机械工业出版社，1990.

[5] 湛从昌，蔡倩. 液压元件及系统计算机辅助监测与故障诊断[J]. 机床与液压，1997(6)：53～58.

[6] 陈奎生. 高精度电液伺服阀动态、静态特性测试系统[J]. 武汉冶金科技大学学报，1997(2)：73～77.

[7] 陈新元，曾良才，陈奎生，等. 伺服阀静态特性测试与状态模式识别智能系统研究[J]. 液压气动与密封，2004(2)：22～23.

[8] 陈新元，黄富瑄，陈灿军，等. 基于BP神经网络电液伺服阀多参数故障模式识别研究[J]. 机床与液压，2004(6)：179～181.

[9] 陈奎生，曾良才，邵瑶琴. 高精度多功能液压试验台研制[J]. 武汉冶金科技大学学报，1997(3)：72～78.

[10] 李金良. 基于虚拟仪器的电液伺服阀性能测试研究[D]. 武汉：武汉科技大学，2007.

[11] 李成. 基于B-P神经网络的电液伺服阀的故障诊断[D]. 武汉：武汉科技大学，2010.

[12] 杜京义，曾良才. 基于单值支持向量机的电液伺服阀故障诊断[J]. 机床与液压，2006(11)：203～220.

[13] 黄富，陈新元，陈奎生，等. 轧机压下大型伺服液压缸测试系统加载机架有限元模态分析[J]. 机械设计与制造，2011(3)：227～229.

[14] 陈新元，湛从昌，付曙光，等. 伺服液压缸动摩擦力的高精度测试方法研究[J]. 机械设计与制造，2011(3)：116～118.

[15] 蒋俊，王文娟，曾良才，等. 大型轧机伺服液压缸动态特性测试方法研究[J]. 机床与液压，2011(19)：28～30.

[16] 尹丹. 大型伺服油缸试验加载机架研究[D]. 武汉：武汉科技大学，2013.

[17] 陈新元，蔡钦，湛从昌，等. 液压伺服液压缸静动态性能测试系统开发[J]. 液压与气动，2008(12)：77～79.

[18] 汪锐. 液压伺服油缸测试方法研究[D]. 武汉：武汉科技大学，2008.

[19] 严开勇，陈奎生，涂福泉，等. AGC液压缸模拟工况摩擦力特性测试方法研究[J]. 液压与气动，2009(2)：37～39.

[20] 梁媛媛，陈奎生，黄富瑄，等. 大型轧机伺服缸启动摩擦力测试方法研究[J]. 液压与气动，2009(11)：34～36.

[21] 付曙光，陈奎生，湛从昌，等. 伺服液压缸静动态性能测试系统研究[J]. 中国工程机械学报，2010(1)：91～95.

[22] 鲁腊福，李成，蒋俊，等. 伺服液压缸启动摩擦力的高精度测试方法研究[J]. 液压与气动，2010(7)：59～60.

[23] 黄富瑄，陈新元，陈奎生，等. 轧机压下大型伺服液压缸测试系统动摩擦力测试研究[J]. 液压与气动，2010(8)：18～21.

[24] 黄智武，郭媛，刘利明，等. 伺服液压缸活塞偏摆的高精度测试方法研究[J]. 液压与气动，2010(8)：25～26.

[25] 李涛. 大型伺服液压缸试验方法研究[D]. 武汉科技大学学报, 2013.

[26] 宋自成, 曾良才. 伺服液压缸试验台研究[J]. 液压与气动, 2008(8):10~11.

[27] 陈忱. 轧机伺服液压缸测试系统加载机架性能研究[D]. 武汉科技大学学报, 2009.

[28] 曾良才, 王晓东, 黄富瑄, 等. 轧制伺服油缸试验台研究[J]. 机床与液压, 2003(3):289~294.

[29] 陈新元, 曾良才, 陈奎生, 等. 液压压下伺服缸动态特性测试系统研究[J]. 液压气动与密封, 2004(3):30~31.

[30] 黄科夫, 陈新元, 宋佳, 等. 轧机 AGC 液压缸活塞偏摆分析与测试[J]. 液压与气动, 2013(3): 9~11.

[31] 涂晨, 李涛, 陈新元, 等. 组态软件 WinCC 在 AGC 缸测试系统中的应用[J]. 液压气动与密封, 2013(7):35~37.

[32] 曾鹏, 邓江洪, 沈雄伟. 大型伺服缸测试系统及软件开发[J]. 机床与液压, 2013(10):137~154.

[33] 修有峰. 电液比例调速阀计算机测试实验系统的研究[D]. 济南:济南大学, 2008.

[34] 刘志忠. 电液比例流量阀计算机辅助测试系统研制[D]. 焦作:河南理工大学, 2004.

[35] 王伟, 张文信, 韩夫亮, 等. 电液比例节流阀动态特性的试验研究[J]. 机床与液压, 2011, 39(3):72~74.

[36] 陈铁辉, 赵树忠, 孟宪举, 等. 比例溢流阀特性测试与分析系统的设计[J]. 机床与液压, 2012, 40(10):59~62.

[37] 沈培辉, 陈淑梅. 计算机智能控制方法在液压测试系统中的应用[J]. 机床与液压, 2009, 37(9):146~192.

[38] 潘旭东, 王广林, 胡洋, 等. 高压大流量电液换向阀动态特性测试系统[J]. 振动、测试与诊断 2011, 31(4):522~526.

[39] 任伟, 韦文术, 黄韶杰, 等. 电液换向阀动态特性测试系统的研究与设计[J]. 煤炭工程, 2008(9):73~74.

[40] 高智, 吴勇, 李红颖, 等. 液压支架电液换向阀动态特性测试系统[J]. 机电产品开发与创新, 2013, 26(2):90~92.

[41] 陈铁辉, 赵树忠. 电液比例溢流阀特性测试实验台的设计与研究[J]. 制造技术与机床, 2011(5):82~85.

[42] 方向控制阀 试验方法 GB 8106—87

[43] 液压泵、马达空载排量 测定方法 GB 7936—87

[44] 流量控制阀 试验方法 GB 8104—87

[45] 压力控制阀 试验方法 GB 8105—87

[46] 液压马达特性的测定 GB/T 20421.1-2006/ISO 4392-1:2002

[47] 液压传动-电调制液压控制阀第 1 部分:方向流量控制阀试验方法 GB/T 15623.1—2003

[48] 液压多路换向阀 JB/T 8729.2—2013

[49] 液压叶片泵 试验方法 JB/T 7040—1993

[50] 低速大扭矩液压马达 JB/T 8728—1998

[51] 液压缸 JB/T 10205—2010

[52] 液压多路换向阀技术条件 JB/T 8729.1—1998

[53] 液压齿轮泵 JB/T 7041—2006

[54] 液压轴向柱塞泵 JB/T 7043—2006

[55] 螺杆泵试验方法 JB/T 8091—1998

[56] ISO-4409:2007 Hydraulic fluid power-Positive displacement pumps, motors and integral transmissions-De-

termaination of steady-state performance.

[57] ISO 4392/1-2002 Hydraulic fluid power-Determination of characteristics of motors-Part 1: At constant low speed and at constant pressure.

[58] ISO 10770/3-2007 Hydraulic fluid power—Electrically modulater hydraulic control valves-Part 3: Test methods for pressure control valves.

[59] 任占海. 冶金液压设备及其维护[M]. 北京: 冶金工业出版社, 2005.

冶金工业出版社部分图书推荐

书　名	作　者	定价(元)
机械振动学(第2版)	闻邦椿　主编	28.00
机电一体化技术基础与产品设计(第2版)(本科教材)	刘　杰　主编	46.00
现代机械设计方法(第2版)(本科教材)	臧　勇　主编	36.00
机械优化设计方法(第4版)	陈立周　主编	42.00
机械可靠性设计(本科教材)	孟宪铎　主编	25.00
机械故障诊断基础(本科教材)	廖伯瑜　主编	25.80
机械设备维修工程学(本科教材)	王立萍　编	26.00
机械电子工程实验教程(本科教材)	宋伟刚　主编	29.00
机械工程实验综合教程(本科教材)	常秀辉　主编	32.00
电液比例控制技术(本科教材)	宋锦春　主编	48.00
液压与气压传动实验教程(本科教材)	韩学军　等编	25.00
炼铁机械(第2版)(本科教材)	严允进　主编	38.00
炼钢机械(第2版)(本科教材)	罗振才　主编	32.00
轧钢机械(第2版)(本科教材)	邹家祥　主编	49.00
冶金设备(第2版)(本科教材)	朱　云　主编	56.00
冶金设备及自动化(本科教材)	王立萍　等编	29.00
环保机械设备设计(本科教材)	江　晶　编著	45.00
污水处理技术与设备(本科教材)	江　晶　编著	35.00
机电一体化系统应用技术(高职高专教材)	杨普国　主编	36.00
机械制造工艺与实施(高职高专教材)	胡运林　主编	39.00
液压气动技术与实践(高职高专教材)	胡运林　主编	39.00
机械工程材料(高职高专教材)	于　钧　主编	32.00
通用机械设备(第2版)(高职高专教材)	张庭祥　主编	26.00
高炉炼铁设备(高职高专教材)	王宏启　等编	36.00
采掘机械(高职高专教材)	苑忠国　主编	38.00
矿冶液压设备使用与维护(高职高专教材)	苑忠国　主编	27.00
液压润滑系统的清洁度控制	胡邦喜　等著	16.00
液压可靠性与故障诊断(第2版)	湛从昌　等著	49.00
冶金设备液压润滑实用技术	黄志坚　等著	68.00
液压元件安装调试与故障维修图解·案例	黄志坚　等著	56.00
液力偶合器使用与维护500问	刘应诚　编著	49.00
液力偶合器选型匹配500问	刘应诚　编著	49.00